Découvrez l'histoire par les archives de presse

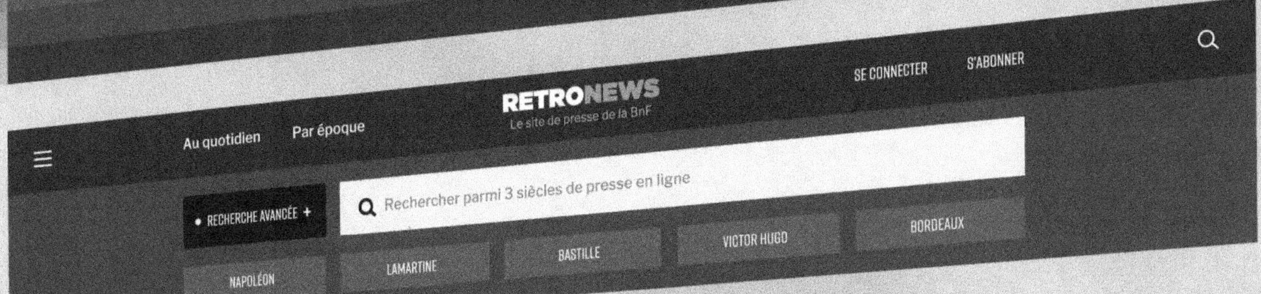

RETRONEWS

Le site de presse de la BnF

www.retronews.fr

BULLETIN

DE LA

Ligue Française

POUR LA

Protection des Oiseaux

FONDÉE PAR LA SOCIÉTÉ NATIONALE D'ACCLIMATATION DE ·FRANCE

DEUXIÈME ANNÉE — N° 2 — MARS 1913

SOMMAIRE

Prix du Numéro : 0 fr. 50

PARIS

AU SIÈGE DE LA LIGUE

33, Rue de Buffon, 33

BUREAU DE LA LIGUE

Président :

M. MAGAUD D'AUBUSSON

Président de la Section d'Ornithologie de la Société nationale d'Acclimatation.

Vice-Présidents :

M. A. MENEGAUX
Assistant d'Ornithologie au Muséum,
Ier Secrétaire du Comité international permanent
pour la protection des Oiseaux.

M. L. TERNIER
Membre du Comité international permanent
pour la Protection des Oiseaux.

Secrétaire :

M. LE COMTE D'ORFEUILLE

Secrétaire de la Section d'Ornithologie de la Société nationale d'Acclimatation.

Secrétaire adjoint :

M. A. CHAPPELLIER

Ingénieur agronome, Chef de travaux de Zoologie de l'Ecole pratique des Hautes Etudes.

Trésorier :

Dr P. VINCENT

Licencié ès Sciences.

La Ligue française pour la protection des Oiseaux a pour but de chercher à réduire les causes de disparition des Oiseaux en faisant connaître leur rôle, leur utilité, en favorisant leurs moyens d'existence et leur reproduction et en attirant sur eux l'attention des pouvoirs publics.

Fondée par la Société nationale d'Acclimatation, dont elle forme la « Sous-section d'ornithologie », la Ligue reçoit des adhérents, non membres de la Société d'Acclimatation, qui payent une cotisation annuelle de 5 francs, ou 50 francs une fois versés (membres donateurs : 100 francs, membres bienfaiteurs : 200 francs). Le payement de la cotisation est reconnu par une carte qui servira d'entrée aux différentes manifestations qui pourront être organisées par la Ligue (conférences, excursions, concours, expositions).

Les séances de la Sous-section d'ornithologie ont lieu, au siège de la Société d'Acclimatation, 33, rue de Buffon, de novembre à mai, le troisième vendredi de chaque mois. Les membres bienfaiteurs et donateurs, les délégués provinciaux de la Ligue assistent, de droit, aux séances de la Sous-section. Les membres titulaires de la Ligue, ne faisant pas partie de la Société d'Acclimatation, pourront assister aux séances de la Sous-section lorsqu'ils seront présentés par un membre de la Société d'Acclimatation et avec l'assentiment du président.

Un Bulletin paraît tous les mois. Il publie ou analyse les communications et les travaux des membres de la Ligue, les rapports des délégués. Il analyse les ouvrages et les publications qui ont trait à la protection des Oiseaux et à la vulgarisation des Sciences naturelles, et rend compte de tout ce qui peut être d'un intérêt général pour les membres de la Ligue.

La Ligue distribue des récompenses honorifiques ou pécuniaires.

Il sera répondu par lettre ou, si le Bureau le juge utile, dans le Bulletin, à toutes les demandes de renseignements provenant des membres de la Ligue.

Le Secrétaire recevra tous les jeudis non fériés, de 2 à 5, du 1er novembre au 1er juillet, au siège de la Ligue, 33, rue de Buffon (métro : gare d'Orléans).

BULLETIN DE LA LIGUE FRANÇAISE

POUR LA

PROTECTION DES OISEAUX

BULLETIN DE LA LIGUE FRANÇAISE

POUR LA

PROTECTION DES OISEAUX

FONDÉE PAR LA

SOCIÉTÉ NATIONALE D'ACCLIMATATION DE FRANCE

DEUXIÈME ANNÉE

1913

PARIS

AU SIÈGE DE LA LIGUE

33, rue de Buffon, 33

BULLETIN DE LA LIGUE FRANÇAISE

POUR LA

PROTECTION DES OISEAUX

FONDÉE PAR LA

SOCIÉTÉ NATIONALE D'ACCLIMATATION DE FRANCE

LA PROTECTION DES OISEAUX EN ITALIE

SON ÉTAT ACTUEL — SON AVENIR

Par Mme CECILIA PICCHI

Membre de la Société italienne « *Pro Avibus* ».

En Italie, comme dans tous les autres pays, la diminution rapide et progressive d'un grand nombre d'Animaux est un fait d'une évidence indiscutable. Les causes qui contribuent à cette disparition sont multiples autant que diverses, mais l'on peut dire qu'elles sont à peu près les mêmes pour tous les pays. On peut les diviser en causes directes et causes indirectes.

Parmi les premières, la plupart sont imputables à l'homme (chasse, pêche), d'autres sont indépendantes de lui (la voracité des carnassiers, les causes météorologiques, les maladies, etc.)

Les secondes causes — les causes indirectes — sont, pour une bonne part, la conséquence inévitable des progrès de la civilisation — les défrichements, les déboisements, etc. ; — elles sont, par suite, moins aisément éliminables. L'homme donc, soit inconsciemment, soit sciemment, est le plus grand destructeur d'Animaux.

Répondant à l'aimable demande qui m'a été faite de présenter à mes collègues de la *Ligue française pour la Protection des Oiseaux* « ce que l'on fait actuellement en Italie pour sauver la Faune indigène d'une menaçante et prochaine destruction », je vais tracer succinctement l'état actuel de la question en résumant les contributions de quelques-uns de nos plus éminents zoologistes (1) et en indiquant ce que se propose de faire le Gouvernement. Je me bornerai à la partie ornithologique, c'est-à-dire à la Protection des Oiseaux, puisque c'est là le sujet qui intéressera le plus les lecteurs de ce Bulletin. Je tâcherai, d'abord, d'exposer brièvement les causes du dépeuplement progressif et de la disparition des petits êtres qui sont les meilleurs amis de l'homme et les protecteurs de l'Agriculture.

L'Italie, grâce à sa situation géographique, offre une voie très favorable aux Oiseaux de passage. Elle se trouve sur le parcours d'une des plus importantes routes de migration conduisant à travers la Méditerranée : cette route la coupe obliquement du Nord-Est au Sud-Ouest en automne et dans un sens inverse au passage de printemps. Par ses conditions physiques et biologiques, l'Italie offre, en outre, un séjour des plus agréables à un grand nombre d'Oiseaux qui y restent pour nicher, ou s'arrêtent et reprennent haleine pendant les migrations. Comme conséquence, l'Avifaune italienne est une des plus riches d'Europe.

Une des causes de la banqueroute dont est actuellement menacé le patrimoine ornithologique de l'Italie doit être recherchée dans le grand *chaos* cynégétique qui règne encore dans notre pays. En Italie, on chasse indistinctement toute l'année, de jour aussi bien que de nuit. Hommes, femmes, adultes et enfants de toutes conditions sociales se livrent à cette œuvre de vandalisme et de destruction. Le fusil qui est pourtant un grand moyen de destruction, n'a plus ici qu'une action minime. C'est par centaines de mille que nos chanteurs ailés sont sacrifiés chaque année, sans pitié, par les filets, les pipeaux, les pièges, les gluaux et les trébuchets de toutes sortes. Des milliers de gamins et même d'hommes se livrent à la destruction des nids et des nichées, faisant rôtir de jeunes

(1) Voir les mémoires publiés sur ce sujet par MM. les professeurs Martorelli, Arrigoni, Degli Oddi, Ghigi, Vaccari, etc.

Oiseaux et mettant en omelette des œufs de Canard sauvage, de Goéland argenté et d'autres espèces.

Ceci permet de constater une diminution très rapide, même des Oiseaux sédentaires, car c'est une erreur très répandue de croire que les troupes innombrables des Oiseaux de passage sont inépuisables, et l'on se consolait du dépérissement des espèces sédentaires en tuant par millions les pauvres immigrants.

Douloureusement fameux, pour avoir donné lieu à d'âpres discussions, sont les massacres qui s'accomplissent au printemps sur nos côtes et même sur nos îles, et où succombent nos précieux auxiliaires. Et non moins triste et honteux est le spectacle des troupes de Grives et d'autres petits migrateurs décimés en automne dans toutes les provinces au-dessous des Alpes.

Il est curieux de constater que les progrès de la civilisation ont justement contribué à rendre l'extinction plus menaçante. Depuis que les divers moyens de transport ont permis de répandre et de vendre, avec facilité, le produit de nos chasses exterminatrices sur les marchés de la plus grande partie de l'Europe, les massacreurs n'ont plus connu de frein. Mais ici, il faut reconnaître que, malgré les accusations qu'on nous lance, et tandis que, en maint Congrès zoologique et zoophile, on reproche aux Italiens d'être « d'inconscients massacreurs », souvent, une fois le Congrès terminé, figurent sur le menu du banquet « d'adieu » des salmis de gibier arrivé d'Italie !

Pour faire comprendre aux ignorants que la chasse immodérée aux époques de passage est une des plus dangereuses causes de diminution des Oiseaux sédentaires, il faut enseigner aux chasseurs inconscients que ce sont justement ces troupes d'immigrants qui, après être devenues sédentaires, se substitueront aux Oiseaux qui sont morts et nous fourniront ainsi de nouveaux amis.

Les fâcheuses conséquences de ces massacres inconsidérés n'ont pas tardé à se faire sentir. Parmi les espèces tout à fait sédentaires, nous avons à regretter l'extinction du Francolin vulgaire (*Francolinus vulgaris*), que l'on trouvait encore, il y a environ quarante ans, dans les landes méridionales de la Sicile, près de Caltagirone et Terranova. Sa répugnance à se mettre au vol, la chasse abusive qui lui a été faite (on allait jusqu'à tuer la femelle couchée sur ses œufs), ont été les principales causes de son extinction. Il en sera bientôt de même du Turnix sauvage (*Turnix sylvatica*), en Sicile également. Les Tetras urogalle et Lyre (*Tetrao urogallus* et *Lyrurus tetrix*), sur les Alpes, sont partout en diminution, et ont déjà disparu de certaines localités où autrefois on les trouvait en abondance ; eux aussi subiront la même destinée.

Mais il ne faut pas croire que cette coupable destruction soit tolérée partout avec la même inconsciente indifférence. Non, il m'est agréable de constater qu'en Italie également il vient de se produire un mouvement très prononcé en faveur de la défense des Oiseaux. La conscience populaire s'est éveillée. Des plaintes s'élèvent journellement de tous les points de l'Italie contre la diminution de plus en plus grande du nombre des petits Oiseaux insectivores et l'on réclame de tous côtés des mesures énergiques pour en prévenir la destruction. En Toscane, l'Association *Pro Avibus* s'est fondée en 1900, sous l'initiative et les efforts incessants de M. P. Gori, défenseur infatigable de notre patrimoine ornithologique. Il a publié d'importants mémoires, fortement argumentés, contre la chasse illicite. Il a toujours soutenu la nécessité d'une loi sur la chasse qui puisse sauvegarder rationnellement le gibier, et il n'a ménagé aucune forme de propagande en faveur de la protection des Oiseaux.

Grâce à l'initiative de la *Pro Avibus*, nous avons à présent en Toscane une loi plutôt bonne qui a restreint la période de chasse et apporté d'autres modifications salutaires. Les Sociétés de chasseurs, les cercles cynégétiques également, déplorant la disparition de quelques espèces d'Oiseaux et la diminution progressive de beaucoup d'autres, ont, depuis plusieurs années, fait entendre leurs revendications et ne se lassent pas de rechercher les moyens les plus aptes à triompher des nombreuses causes qui coopèrent à une telle destruction.

Mais le débat s'était, jusqu'à présent, limité au seul terrain cynégétique. On se bornait à réclamer une réforme sévère et rationnelle de la loi sur la police de la chasse et l'on n'aboutissait à rien, car il n'est pas suffisant d'invoquer une « loi unique » sur la chasse, il est nécessaire de la savoir établir avec compétence et sur des bases scientifiques. Mais, maintenant, nous pouvons espérer que le vœu émis depuis bien des années va se trouver réalisé, car au cri d'alarme des chasseurs, des agriculteurs et de ceux que charment les beautés de la Nature, vient se joindre celui des naturalistes, des Sociétés de sciences naturelles et de l'Union des zoologistes italiens. La question de la protection de notre Faune se trouve donc portée sur un terrain scientifique, et nos zoologistes les plus éminents l'ont acheminée et la dirigent sur la route indiquée par des données biologiques, la seule qui doive être suivie, car elle est libre de théories erronées et de rivalités égoïstes. Le Gouvernement s'est, lui aussi, sérieusement engagé dans la voie que lui ont indiquée les savants.

La conservation des hôtes les plus aimables de nos champs et de nos bois sera impossible tant que resteront en vigueur les dispositions multiples qui réglementent encore aujourd'hui la chasse et l'oisellerie. En matière de législation sur la police de la chasse en Italie, chaque région a encore le Code qu'elle avait sous les anciens régimes, ce qui, en réalité, ne règle rien et cause une anarchie inqualifiable. Jusqu'à présent, et malgré les nombreux projets mis en avant, on n'a pas réussi à faire adopter une loi unique. Il fut seulement promulgué une disposition commune à toutes les provinces, qui donne faculté aux Conseils provinciaux de fixer les dates d'ouverture et de fermeture de la chasse pour chaque province, et cela sans aucun contrôle du Gouvernement. Ces dispositions, au lieu d'apporter une amélioration à la situation cynégétique, ont eu des conséquences déplorables ; on n'aura pas de peine à le croire si l'on songe qu'il y a soixante-neuf provinces italiennes et que, par conséquent, nous avons soixante-neuf époques de chasse différentes !

Les Conseils provinciaux ne se sont pas toujours montrés à la hauteur des connaissances techniques nécessaires ; bien des fois, ils ont subi, et peuvent subir, la pression des tendances intéressées plutôt que de tenir compte des véritables besoins de chaque contrée. Cette disparité entre les diverses réglementations provinciales a favorisé le braconnage et les fraudes dans le commerce du gibier à plumes ; elle a permis au Conseil d'État de dire « qu'il pourrait y avoir là matière à des discussions entre provinces à cause des privilèges qui pouvaient être donnés aux chasseurs d'une province au détriment des provinces voisines ».

(A suivre.)

LA PROTECTION RATIONNELLE DES OISEAUX

Par LOUIS TERNIER

(Suite.)

On sait qu'aux termes de la Convention internationale de 1902 il est interdit de se servir, pour la capture de tous les Oiseaux sans exception, de lacets, filets, pièges, etc... En votant la ratification de la Convention, la Chambre des députés lui a donné force de loi et a, par suite, modifié tout ce qui dans la loi de 1844 sur la police de la chasse était contraire aux articles de cette Convention.

Le loi de 1844 prohibait tous autres moyens de chasse que la chasse à tir et à courre et celle du lapin au furet et avec des bourses. Mais les préfets avaient la faculté de prendre des arrêtés pour déterminer l'époque de la chasse des Oiseaux de passage autres que la caille et les modes et procédés de chaque chasse pour les diverses espèces (1). En réalité, l'article 3 de la Convention a modifié cet article, la Chambre ayant accepté ses termes qui prohibent absolument pour tous les Oiseaux sans exception tout autre mode de chasse que le tir au fusil.

Les arrêtés préfectoraux, pour la plupart, ont respecté cette prohibition. Mais les stipulations de la Convention demeurent depuis longtemps, dans nos départements méridionaux, lettre morte par suite de ce qu'on est convenu d'appeler les « tolérances ».

Les arrêtés, en ce cas, sont bien conformes au texte de la loi, mais, officieusement, les préfets, les ministres eux-mêmes donnent aux agents de l'autorité et aux Parquets l'ordre de ne pas poursuivre ceux qui contreviennent au texte des arrêtés défendant la capture des Oiseaux au lacet ou au filet. C'est ainsi qu'on sauve les apparences. Mais, en fait, la loi est violée et les délinquants ne sont pas poursuivis. Le délit est toléré ouvertement et des millions d'Oiseaux périssent ainsi illégalement tous les ans, surtout au printemps. De temps en temps, les ministres, forcés de faire une concession à l'indignation publique, ordonnent aux préfets de supprimer les tolérances,

---

(1) A la Commission de la chasse, comme rapporteur de la question de protection des Oiseaux de passage, j'ai conclu à la suppression absolue de la faculté accordée aux préfets d'autoriser d'autres modes de chasse que le fusil, conformément aux termes de la Convention.

puis les politiciens réapparaissent, et finalement les poseurs de
lacets et les fileteurs continuent, comme par le passé, leur
néfaste besogne.

Cette année, grâce aux efforts des vaillantes Sociétés de
chasse du Midi, les tolérances avaient été officiellement décla-
rées supprimées. Elles viennent, paraît-il, d'être rétablies, si
on en croit une note parue dans un journal du Sud-Ouest et
et ainsi conçue : « *Aux chasseurs!!* Le bureau du Syndicat des
chasseurs de ... est heureux d'annoncer à ses adhérents que,
grâce aux démarches pressantes de son dévoué président,
M. X..., secrétaire général de la Fédération, les tolérances dont
nous avons joui jusqu'à ce jour sont accordées pour le passage
de printemps. » Que des ministres ou des préfets autorisent
dans la coulisse, secrètement, la violation de la loi, cela serait
déjà quelque peu inadmissible. Mais qu'ils autorisent la publication de notes comme celle que je viens de rapporter, cela
passe la mesure. Aussi, les chasseurs au fusil qui n'ont rien de
commun avec les « laceteurs » et fileteurs qui, malgré tout ce
qu'ils pourront dire, ne sont et ne seront jamais des « chasseurs », se plaignent-ils avec juste raison. Quant à nous, qui
prêchons le respect des lois, celui de la Convention et avons
entrepris la tâche d'enrayer en France la destruction irraison-
née des Oiseaux, il nous appartient de bien préciser à qui profitent ces fameuses tolérances. Comme dans tout ce qui porte
actuellement atteinte à la prospérité du pays : grèves, émeutes
et autres crimes ou délits contre l'ordre social, ceux qui enten-
dent profiter des tolérances obéissent surtout à des meneurs
qui font de la question des tolérances une affaire de réclame et
de propagande électorale. Sous le prétexte de soutenir les intérêts des « petits chasseurs », ils ne considèrent en réalité que
le leur propre. Aussi, les meneurs sont-ils soit des députés, soit
des conseillers généraux ou même de simples candidats à une
situation politique. Ceux qu'ils soutiennent ne sont guère intéressants. Ce ne sont ni des propriétaires sérieux ni des chasseurs. Ce sont des professionnels du lacet ou du filet dont le
seul métier consiste, au moment des passages, à couvrir les
champs de lacets et autres engins destinés à prendre en masse
les petits Oiseaux. Sous le prétexte de ne prendre que des
Alouettes, on prend tout au lacet. Je n'en veux pour preuve
que ce qu'on a fait constater sur certains marchés du Sud-Ouest

et cette saisie de cinq cents Rouges-gorges, expédiés de Corse,
opérée ces jours derniers par les soins d'une société de chasseurs de Marseille. J'ai vu vendre à Paris, comme Alouettes,
des Bergeronnettes plumées... Ceux qui réclament le maintien
des tolérances invoquent des usages invétérés. Mais il ne faut
pas oublier que si, autrefois, on a pu autoriser dans une certaine mesure la capture des Oiseaux au lacet ou au filet, les
conditions de la chasse régulière n'étaient pas les mêmes.
Les chasseurs du Midi et d'ailleurs qui tuent les petits Oiseaux
au fusil ont maintenant des armes perfectionnées. Puis de
30.000 chasseurs qu'il y avait il y a cinquante ans, la France a
vu monter le nombre des porteurs de permis à 600.000.

Tous ne tirent pas les petits Oiseaux, mais presque tous les
chasseurs de certains départements les fusillent sans pitié.
Dans le Midi, la chasse au poste qui, elle, n'est pas contraire à
la Convention, fait beaucoup plus de victimes qu'autrefois. Les
rédacteurs de la Convention avaient compris ces différences
entre l'importance de la destruction des Oiseaux par les chasseurs au fusil du temps passé et celle opérée par les chasseurs du temps présent, c'est pourquoi ils ont tenu à supprimer la capture des Oiseaux à l'aide d'engins autres que le fusil,
ce dernier suffisant et au delà à l'exploitation rationnelle des
espèces. Ils avaient aussi reconnu que certaines parmi ces
espèces doivent jouir d'une protection absolue. Les fameuses
tolérances font bon marché de ces considérations et c'est
par millions que disparaissent, grâce à la complicité de ceux
qui sont chargés de faire respecter les lois et de veiller à la
conservation des richesses naturelles de notre pays, les Fauvettes, Rouges-gorges et autres insectivores pour le seul profit
d'une classe peu nombreuse et peu intéressante de professionnels qui abandonnent les travaux de culture pour se livrer à
leur rémunératrice industrie. Si la note parue dans le journal
du Sud-Ouest auquel j'ai fait allusion dit vrai, nous osons
espérer que la bonne foi du ministre de l'Agriculture a été
surprise et qu'il reviendra en temps utile sur une décision qui,
si elle était maintenue, semblerait en désaccord avec les
sentiments d'indépendance qu'on se plaît à attribuer au
cabinet dont il fait partie. Il serait profondément regrettable
que des considérations électorales sans importance viennent
encore entraver la répression des délits de droit commun.

(A suivre.)

SÉANCE SOLENNELLE

DE LA SOCIÉTÉ NATIONALE D'ACCLIMATATION

Distribution des récompenses décernées

PAR LA LIGUE FRANÇAISE POUR LA PROTECTION DES OISEAUX

Le dimanche 9 février a eu lieu, dans le grand amphithéâtre du Muséum d'Histoire naturelle, la séance solennelle de la Société nationale d'acclimatation, sous la présidence de M. Dabat, Directeur Général des Eaux et Forêts, délégué par M. le ministre de l'Agriculture. S. A. I. le grand duc Nicolas de Russie, les ambassadeurs des Etats-Unis et du Japon assistaient à la séance.

M. Dabat dit les regrets de M. Fernand David, ministre de l'Agriculture, de ne pouvoir présider la séance, et que les travaux de la Société d'acclimatation sont l'objet d'un examen attentif de la part de l'administration de l'agriculture; pour lui, ces travaux ont un intérêt d'actualité, puisque la Société étudie des questions qu'il doit examiner comme Directeur Général des Eaux et Forêts.

Parlant de notre vice-président M. Louis Ternier, le délégué du ministre dit : « la Commission de la chasse a spécialement étudié la question des Oiseaux utiles à l'agriculture. Des voix éloquentes se sont élevées ici, à bien des reprises, pour la défense des petites chanteurs de nos bois et de nos champs : Fauvette, Rouge-gorge, Roitelet, Troglodyte, Bergeronnette et Mésange... », et M. Dabat est heureux de reconnaître les efforts de la Ligue, fondée sous les auspices de la Société d'Acclimatation.

M. Ed. Perrier, président de la Société d'Acclimatation retrace ensuite l'activité de la Société pendant l'année qui vient de s'écouler. Il insiste sur les idées de protection et de préservation qui la guident dans ses travaux, et nous regrettons que le Bulletin de la Ligue devenu trop étroit, ne nous permette pas de citer en entier les passages de son allocution où M. Ed. Perrier évoqua, devant ses auditrices, les Oiseaux au rare plumage, les Mammifères à la souple fourrure victimes des caprices de nos élégantes. Il est temps de songer à sauver ces richesses vivantes, « et, dit M. Ed. Perrier, si l'on veut s'élever à des considérations morales qui paraîtront peut-être bien désuètes en face de ce qu'on appelle les besoins de l'industrie et du commerce, une autre question se pose : avons-nous réellement le droit d'accaparer la terre pour nous tout seuls, et de détruire à notre profit, et au grand détriment des générations à venir, tout ce qu'elle a produit de plus beau et de plus puissant par une élaboration continue de plus de cinquante millions d'années ? »

La séance se terminait par une conférence de M. Frédéric Masson de l'Académie française, qui avait choisi pour sujet « L'Impératrice Joséphine et l'Acclimatation ». Avec son élégance et sa précision habituelle, le conférencier a fait revivre Joséphine à la Malmaison et ses essais d'acclimatation de plantes ou d'animaux exotiques et rares.

Avant la conférence avait eu lieu la remise des récompenses décernées par la Société d'Acclimatation ; nous citerons seulement ici les titulaires des grandes médailles :

Le Dr Loisel reçoit la médaille d'or offerte au nom du Gouvernement de la République, pour son important ouvrage sur « l'Histoire des ménageries à travers les âges ». La grande médaille de vermeil, hors classe, est décernée au comte Okuma, qui, au Japon, a obtenu l'acclimatation de nombreuses plantes d'origine étrangère et enrichi son pays de précieuses acquisitions botaniques. A la Section de Mammalogie, la grande médaille à l'effigie d'Isidore Geoffroy Saint-Hilaire est accordée à Sir Edmund Loder, dont le parc de Leonards Lee, en Angleterre, abrite trois colonies florissantes de Castors, de Myopotames et de Cabiais. La Section d'Ornithologie a décerné sa grande médaille à notre secrétaire adjoint, et la Section de Botanique à Sir Harry Veitsch pour l'acclimatation de plantes ornementales rapportées de ses explorations dans le Yunnan, la Chine centrale et le Thibet. La Section de Colonisation, au frère Justin Gillet, créateur du jardin de Kisantu au Congo belge, où il a introduit de nombreux légumes et plantes industrielles de l'Europe.

Pour le Concours d'observations d'histoire naturelle dans les écoles primaires, cinq instituteurs ou institutrices dont les élèves concouraient pour la deuxième fois cette année, ont obtenu des médailles de bronze. Des diplômes de médailles d'or, d'argent et de bronze ainsi que des mentions ont été accordés à 39 élèves dont les envois avaient été les plus remarqués.

Notre secrétaire adjoint proclama ensuite le nom des lauréats de la Ligue :

Grande médaille à l'effigie d'Isidore Geoffroy Saint-Hilaire,
offerte par la Société nationale d'Acclimatation.

M. Frédéric HUGUES, ancien député de l'Aisne, qui a toujours combattu par la parole et par l'exemple en faveur de la protection des Oiseaux. En 1909, il prononça à la tribune de la Chambre, un remarquable discours dont l'action bienfaisante n'a cessé de s'étendre, grâce à la belle et généreuse propagande faite par son auteur.

Médailles à l'emblème de la Ligue.

Sur la face de ces médailles est frappée une charmante composition due au talent de notre Secrétaire général, M. Maurice Loyer. Nous sommes heureux de lui exprimer ici nos remercîments en lui offrant le premier exemplaire de la nouvelle médaille.

M. Jean Péan de Saint-Gilles a bien voulu dessiner l'artistique diplôme qui accompagnera nos médailles. En témoignage de reconnaissance, nous lui remettons aujourd'hui un exemplaire en argent de notre médaille.

RÉCOMPENSES DÉCERNÉES POUR FAITS DE PROPAGANDE.

Médailles d'argent.

M. Séverin BAUDOUY. Pour la publication des deux éditions de son livre : *Grâce pour les Oiseaux.*

M. Henri KEHRIG. Pour la publication des deux éditions de son livre : *L'Oiseau et les récoltes.*

Médailles de bronze.

SOCIÉTÉ D'AGRICULTURE DE LA GIRONDE. Pour la propagande faite par son affiche : « Ceux qui tuent les petits Oiseaux sont les pires ennemis de l'agriculture. »

M. André BARRET. Pour l'active propagande faite par lui dans le département d'Ille-et-Vilaine.

M. Just BERNIER. Pour la station de protection établie par lui dans sa propriété des environs de Joigny (Yonne).

RÉCOMPENSES DÉCERNÉES POUR PROPAGANDE DANS LES ÉCOLES.

Médaille d'argent.

M. Paul DORBEAUX, instituteur à Sébécourt (Eure), qui a fondé, depuis plus de trente ans, des sociétés scolaires de protection dans les différentes écoles où il a enseigné.

Médailles de bronze.

M. E. DELIÈGE, instituteur à Reims, pour la publication de son livre : *Les Amis du cultivateur.*

M. Marcel GUILLOREAU, instituteur au Pin (Deux-Sèvres). Pour la société de protection organisée par lui dans son école, et pour son enseignement spécial sur la protection des Oiseaux.

M. Georges Vercouttre, instituteur à Loon-Plage (Nord). Pour la création d'une société scolaire de protection et pour son enseignement spécial sur la protection des Oiseaux.

Des *mentions honorables* ont été décernées à des élèves pour leurs travaux scolaires sur la protection :

Antonin Jadeau, élève de M. Guilloreau.

Jean Coudevylle et Edouard Belle, élèves de M. Vercouttre.

André Sirot, élève de Mme Ticot, institutrice à Boigny (Loiret).

RÉCOMPENSES DÉCERNÉES A DES PERSONNES AYANT CONTRIBUÉ
A FAIRE APPLIQUER LES LOIS PROTECTRICES.

Médailles de bronze.

M. Daniel Bascle, maire de Macau (Gironde), qui a su, par son attitude énergique, faire disparaître du territoire de sa commune les engins prohibés.

M. Pierre Teissier, inspecteur de police à Arles (Bouches-du-Rhône), pour son active campagne contre le braconnage et les destructeurs de petits Oiseaux.

Récompense pécuniaire.

Nous avons fait parvenir une récompense pécuniaire à M. Pouilleul, garde des Eaux et Forêts à Fougères (Ille-et-Vilaine), qui a dressé procès-verbal et fait condamner des chasseurs de petits Oiseaux.

* *

La Ligue française pour la protection des Oiseaux est puissamment aidée par ses délégués départementaux, dont le zèle et le dévouement lui ont été d'un précieux concours. Nous sommes heureux de reconnaître les services rendus par nos délégués en décernant des médailles d'argent, à Messieurs :

Fernand de Chapel, délégué pour le département du Gard;

Louis Comandon, délégué pour le département de la Charente.

Théodore Marchand et Louis Viton, tous deux délégués pour le département du Lot-et-Garonne.

Messieurs,

Le nombre et le mérite des lauréats récompensés par notre Ligue, dès sa première année d'existence, montrent que l'initiative, prise par la Société nationale d'Acclimatation, de grouper dans un même effort tous les amis des Oiseaux, venait à son heure.

Les résultats obtenus font bien augurer de l'avenir; nous pouvons l'envisager avec confiance, soutenus par les approbations qui nous parviennent de tous côtés.

Exposition de la Société des Aviculteurs français.
« Congrès de la Plume et du Poil ».

Dans les derniers jours du mois de janvier, la Société des Aviculteurs français, a tenu, au Grand Palais, son Exposition annuelle. M. Fouquet, secrétaire de la Société, avait bien voulu réserver à notre Ligue un emplacement dans la salle où s'est réuni le Congrès d'aviculture. Dans cette salle également étaient groupés, à l'initiative de M. Janning, membre de la Société des Aviculteurs français, les « Exposants de la plume et du poil ».

Dans l'intéressante conférence qu'il a faite pendant le Congrès, M. Janning développa les idées qui l'avaient conduit à montrer aux éleveurs les profits qu'ils pourraient retirer des sous-produits de leurs basses-cours s'ils en organisaient, d'une façon plus rationnelle, l'exploitation et la vente. Le commerce de la pelleterie, celui de la plumasserie, disait M. Janning, ont creusé de tels vides dans les rangs des espèces sauvages que la matière première se fait de plus en plus rare et plus chère (1).

Ces industries doivent donc, dès maintenant, se préoccuper d'un matériel abondant, bon marché et de provenance assurée : toutes ces conditions se trouvent réunies dans les animaux d'élevage, Lapins et Cobayes pour la fourrure, Poule, Oie, Canard, Dindon, Paon, Faisan pour la plumasserie. Mais, jusqu'ici, nos éleveurs connaissent mal les races qu'il faudrait préférer pour en avoir le meilleur bénéfice, ils ne savent pas présenter leurs produits dans de bonnes conditions commerciales. M. Janning leur propose de s'unir pour arriver plus vite à un résultat meilleur ; il appuyait ses paroles d'une démonstration pratique sur la plume d'Oie, de Poulet, de Faisan, sur la fourrure de Lapin, démonstration bien convaincante puisque dans les quelques journées de l'Exposition elle amena plusieurs centaines d'ahésions au groupement qui s'organise.

Le mouvement qui se dessine ainsi pour l'emploi de la plume des Oiseaux de basse cour et d'élevage dans la mode ne pouvait qu'être bien accueilli par notre Ligue dont on connaît les idées à cet égard. Nous avons tenu à les affirmer à nouveau devant le Congrès auquel nous avons présenté la communication suivante :

Communication de M. Chappellier
délégué de la *Ligue Française pour la Protection des Oiseaux*.

Messieurs,

Après la conférence de M. Janning, si pleine d'idées et de faits, je ne reviendrai pas sur l'importance du rôle que doivent jouer, dans l'industrie de la mode, les produits de nos basses-cours et de nos élevages.

(1) Le Gouvernement russe vient d'interdire la chasse à la Zibeline.

Cette question intéresse la Ligue française pour la protection des Oiseaux, M. Janning le rappelait fort aimablement tout à l'heure. En effet, parmi les causes de disparition des Oiseaux, il en est une de toute actualité ici : c'est la poursuite dont ces Oiseaux sont l'objet pour fournir aux exigences de la mode.

Lorsque la mode s'est emparée d'un Oiseau, elle le traque sans relâche et sans merci. Les Paradisiers de la Nouvelle-Guinée ont presque disparu des territoires actuellement exploités, et déjà l'on suppute le nombre de ceux qui existent dans les retraites non encore visitées par les chasseurs.

L'Aigrette, tuée en parure de noce, près de ses petits que la disparition des parents condamne à la plus affreuse des morts, la mort par la faim, l'Aigrette succombe chaque année en quantités considérables. Je ne citerai qu'un chiffre : dans le Haut-Sénégal, de 1902 à 1906, 2.000 chasseurs ont, chaque année, tué près de 1.200.000 Aigrettes.

Ces morts, si nombreuses, sont une nécessité professionnelle pour l'industrie de la mode qui doit pouvoir fournir par grandes quantités le matériel qu'elle met dans le commerce.

De toutes parts on s'est ému, et les amis des Oiseaux multiplient les appels en leur faveur. Notre Ligue ne pouvait rester indifférente ; elle intervient dans un sens de conciliation, et je ne puis mieux faire, pour en donner une idée exacte que de lire un fragment des pages qu'écrivit notre Président, M. Magaud d'Aubusson, en tête du premier numéro de notre Bulletin :

« La sollicitude de la Ligue, disait notre Président, ne s'arrêtera pas à la protection des Oiseaux indigènes, elle ira par delà les mers apporter le secours de son influence à la sauvegarde des espèces que la beauté de leur plumage rend victimes des exigences barbares de la mode et des caprices de la parure.

« Nous poursuivrons cette généreuse croisade avec toute la mesure que commande le respect d'intérêts légitimes, mais avec toute l'énergie qu'impose l'abolition de pratiques détestables. Fournir à l'industrie de la Plume la matière première qui lui est indispensable, sans avoir à porter la dévastation dans les rangs d'espèces exotiques dont les vêtements somptueux excitent l'admiration et la convoitise, sera l'une des préoccupations de la Ligue. L'emploi des dépouilles des Oiseaux domestiques sacrifiés pour notre consommation, l'élevage en captivité des espèces au brillant plumage, les perfectionnements introduits dans les procédés de teinture peuvent offrir un terrain de conciliation et d'entente favorable à la solution du problème. Ce qu'on a fait pour l'Autruche, aujourd'hui domestiquée, on peut le tenter pour l'Aigrette dont la parure d'amour a tant de prix, l'obtenir facilement de la nombreuse et éclatante tribu des Faisans, de bien d'autres encore. On en aura fini alors avec ces abominables massacres qui mettent en péril l'existence même des espèces et offensent, à la fois, la sensibilité humaine et les droits de la science. »

Suppression dans la mode des dépouilles d'Oiseaux sauvages, leur remplacement par les produits de la basse-cour et de l'élevage, voilà donc ce que notre Ligue demande. Et justement, par un heureux contraste, vous avez ici, très complète, la démonstration qu'a voulu M. Janning : d'un côté, de malheureux Paradisiers, de mignons Colibris, des Passereaux exotiques aux brillantes couleurs dont les cadavres sont là, cloués en groupes compacts : c'est ce qu'il ne faut plus, ce qui doit disparaître ; puis, d'autre part, dans la salle, ces plumes de Paon, de Faisan, de Dindon, d'Oie, de Canard, de Poulet, dont notre industrie parisienne sait et saura tirer des merveilles. Cela, c'est ce que nous demandons, ce que nous obtiendrons grâce aux dévouements qui se font plus nombreux chaque jour.

Nous sommes particulièrement heureux de féliciter M. Janning, dont l'œuvre marquera et fera date dans l'histoire de notre aviculture nationale, et de remercier la Société des aviculteurs français à qui nous devons de pouvoir présenter l'une des revendications de notre Ligue dans la solennité si réussie de ce premier Congrès international d'aviculture.

POUR LA PROPAGANDE

M. S. Depret-Bixio a eu l'excellente pensée d'inscrire, comme membre de la Ligue, l'école de sa commune, Bussières, dans le Doubs. Cette initiative a donné tout aussitôt les meilleurs résultats, et l'instituteur organise une Société scolaire de protection. Nous devons souhaiter que l'exemple de notre collègue soit suivi par beaucoup d'autres Ligueurs.

En renouvelant sa cotisation, M. E. Doigneau s'est fait inscrire comme membre donateur.

Achat de livres. — M. d'Anne, 3 exemplaires de *Grâce pour les Oiseaux*.

M. Boutillier, un exemplaire de *L'Oiseau et les récoltes*, un exemplaire de *Grâce pour les Oiseaux*.

M. S. Depret-Bixio : 10 exemplaires du discours de M. Frédéric Hugues, 3 exemplaires de : *L'Oiseau et les récoltes*, 3 exemplaires de : *Grâce pour les Oiseaux*.

M. E. Doigneau : 1 exemplaire de : *Grâce pour les Oiseaux*.

M. Maux : 1 exemplaire de : *L'Oiseau et les récoltes*, 1 exemplaire de : *Nouvelles et contes de bêtes*.

M. Schmieder, 3 exemplaires de : *Grâce pour les Oiseaux*, pour être distribués, au choix du Bureau, soit au Concours dans les écoles primaires, soit à des bibliothèques populaires ou scolaires.

Plusieurs Ligueurs ont demandé la brochure de M. A. Hotelin : *Sauvons nos oiseaux*. Les 20.500 exemplaires donnés à la Ligue seront envoyés directement aux instituteurs. Nous ne pouvons en céder à nos collègues, mais nous inscrirons sur la liste d'envoi les départements qu'ils nous signaleront, et dans lesquels ils seraient à même d'appuyer, soit directement soit indirectement, la propagande faite par la brochure.

L'éditeur de *Sauvons nos Oiseaux* disposera, en outre, d'un certain nombre d'exemplaires. Dès que la brochure paraîtra, nous serons fixés sur le prix et en avertirons dans le Bulletin.

SÉANCES DE LA LIGUE

Séances de mars. — Les Ligueurs ont été prévenus individuellement des jours adoptés pour la séance mensuelle ordinaire et pour la conférence de M. Ad. Burdet.

La séance mensuelle a eu lieu le 7 mars ; à l'ordre du jour se trouvait une communication de M. Ch. Mailles : Le Pour et le Contre.

Séance d'avril. — La séance aura lieu le vendredi 18 avril à 3 heures. Ordre du jour : M. M. D'Anne, l'Ecureuil et les Oiseaux. — Compte rendu financier.

Exposition internationale documentaire d'Ornithologie. — Cette exposition se tiendra à Liége, du 3 mai au 1er juin 1913. Elle comprend tout ce qui a trait à l'Ornithologie et à l'Entomologie et la Botanique dans leurs rapports avec l'Ornithologie. — Pour renseignements, s'adresser à M. L. Cuisinier, commissaire général, 155, rue de Bruxelles, Ans (Belgique).

Liste des Membres. — Le manque de place nous oblige à remettre au prochain numéro la suite de la liste des membres.

Paiement de la cotisation pour 1913. — Aux membres de la Ligue qui n'auraient pas envoyé leur cotisation avant le 1er avril, nous ferons présenter, par recouvrement postal, un reçu de 5 fr. 50 représentant le montant de la cotisation, augmenté des frais d'encaissement.

On est instamment prié de faire parvenir tous les envois d'argent à l'adresse suivante :

Secrétariat de la *Ligue Française pour la Protection des Oiseaux*, 33, rue de Buffon, Paris.

Sans aucune mention de nom de personne.

Il est recommandé d'employer, de préférence à tous autres modes d'envoi, le mandat-carte, ou le mandat-lettre si l'on désire une correspondance fermée.

Erratum. — Dans le Bulletin de février, p. 11, s'est glissée une erreur matérielle, qu'une récompense donnée par nous fait encore plus flagrante : c'est M. P. Dorbeau, instituteur à Sébécourt, qui a fondé la Société scolaire de protection de cette commune ; M. S. Baudouy le rappelait, du reste, page 84 de la 2e édition de « Grâce pour nos Oiseaux ».

Le Gérant : A. MARETHEUX.

Paris. — L. MARETHEUX, imprimeur, 1, rue Cassette.

BULLETIN DE LA LIGUE FRANÇAISE

POUR LA

PROTECTION DES OISEAUX

FONDÉE PAR LA

SOCIÉTÉ NATIONALE D'ACCLIMATATION DE FRANCE

LA PROTECTION DES OISEAUX EN ITALIE

SON ÉTAT ACTUEL. — SON AVENIR

Par Mme CECILIA PICCHI

Membre de la Société italienne « *Pro Avibus* ».

(Fin).

Si nous jetons un coup d'œil sur les annales du Parlement italien, nous y apercevons une véritable hécatombe de projets de loi sur la chasse, tous naufragés pour avoir été présentés en clôture de session. Il serait trop long de vouloir les énumérer tous. Je me bornerai à signaler, à titre d'exemple, qu'un premier projet (projet Pepoli) a paru en 1862 et que depuis on peut en compter une douzaine jusqu'à celui du ministre Rava, qui fut approuvé par le Sénat en 1905, et celui dont le ministre actuel attend la sanction par le Parlement. Naturellement, son but est de chercher à modérer la destruction des animaux sauvages, destruction qui, en Italie, s'exerce malheureusement sans distinction de temps, de lieu ou de manière.

La nouvelle loi donnera au ministre de l'Agriculture, d'accord avec une Commission centrale, le pouvoir de fixer les dates de la période de la chasse, ramenant ainsi au pouvoir central la faculté dont ont joui jusqu'à présent les Conseils provinciaux. De cette façon, on pourra arriver à des mesures uniformes pour tout le royaume entier. La Commission centrale devra avoir surtout une compétence scientifique et technique. A cette Commission aboutiront des Commissions provinciales qui représenteront les besoins et les intérêts locaux. Parmi les membres de la Commission centrale, le ministre choisira un Comité permanent de sept membres qui s'occupera de la partie législation; un Comité semblable sera institué dans chaque province.

Dans cette nouvelle loi, on a supprimé intentionnellement le mot « régional ». Il est évident que la région, dans le sens historique et politique du mot, n'a aucune signification cynégétique car l'aspect physique et les conditions biologiques des différentes régions italiennes sont tellement hétérogènes que les questions les plus différentes peuvent se présenter dans des localités voisines.

Le ministre aurait toujours la faculté de convoquer, dans des cas déterminés, deux ou plusieurs Commissions provinciales, ou seulement des délégués de ces Commissions. On entrevoit ainsi la possibilité de créer des « Compartiments » de chasse qui, avec les progrès des études, se formeraient peu à peu sans que l'on soit obligé à de nouvelles délibérations parlementaires.

Le ministre reconnaît indispensable de favoriser les études et les recherches scientifiques dans le but « de réprimer les chasses destructives des Oiseaux utiles à l'agriculture »; mais, en même temps, il ne se dissimule pas les nombreuses difficultés que rencontre l'exacte détermination des espèces réellement utiles, tant les conditions de lieu et d'époque ont d'influence sur le rôle utile ou non des différentes espèces. Et, bien que le ministre reconnaisse la valeur scientifique et pratique des *résultats de l'enquête ornithologique en Italie*, publiés par le regretté professeur Giglioli, néanmoins, il ajoute qu'il faut donner une plus grande importance encore à ce genre d'études « qui ne peuvent être menées à bien par des profanes en la matière, ni par des techniciens improvisés, mais seulement par des gens compétents, dotés d'une profonde culture biologique ». Pour atteindre à ce but, le ministre se propose de créer un observatoire zoologique rattaché à un Institut d'agriculture.

Dans le nouveau projet de loi, il est reconnu qu'un repeuplement en gibier est très vivement réclamé en Italie, et, afin de rendre plus efficace l'œuvre déjà si digne d'encouragement des Sociétés de chasseurs légalement constituées, le ministre a institué des concours avec récompenses. Les bons résultats qu'il a déjà obtenus l'encouragent à « favoriser toutes les entreprises qui visent à conserver, à répandre et à augmenter le nombre des animaux sauvages de chasse ». Il encourage la diffusion et la propagation des espèces utiles au moyen de stations d'élevage dans les forêts inaliénables de l'Etat et en aidant, par ses subsides, les réserves créés par les communes et des particuliers. Les repeuplements faits par des particuliers seront toujours préférables parce qu'ils seront bien plus soigneusement surveillés que ceux du gouvernement dont les forêts sont éparses dans les diverses contrées du royaume. Les stations d'aviculture pourront aussi accomplir des recherches expérimentales d'acclimatation. L'Institut zoologique fera des études sur la conservation et la propagation des Oiseaux et sur leurs rapports avec l'agriculture, et les stations d'aviculture nous fourniront des sujets, précieux pour un repeuplement pratique.

On propose d'accorder, avec beaucoup de précautions, et dans le seul but scientifique, des permis de chasse pendant les périodes où celle-ci est interdite. Sur ce sujet, l'expérience m'encourage à émettre le vœu que l'on soit très circonspect dans la délivrance de ces permis.

Deux obstacles principaux semblent s'être, jusqu'à présent, opposés à la ratification d'une loi sur la chasse : ce sont les conditions spéciales à fixer pour les propriétés particulières et les dates entrevues des époques de fermeture de la chasse. Ceci a été jusqu'ici l'écueil contre lequel se sont brisés nombre de projets déjà débattus.

Et, tandis que l'on discute autour de ces deux questions, les Oiseaux sont en voie de diminution d'une façon constante et impressionnante, ce qui provoque des plaintes chez nous-mêmes et nous vaut les reproches de l'étranger.

Maintenant que la science a démontré clairement que d'innombrables bandes d'Oiseaux migrateurs parcourent la péninsule italienne diagonalement du nord-est au sud-ouest en automne et, inversement, du sud-ouest au nord-est au printemps, une période unique de chasse pour tout le royaume s'impose, car du nord au sud il n'y a pas de différences notables dans les dates d'arrivée et de départ. Les différences dans les dates de fermeture sont source d'un grand nombre d'abus et favorisent le braconnage, qui est le vrai et le plus grand fléau.

Mais le ministre, s'il trouve juste le vœu formulé à ce propos par les zoologistes, reconnaît qu'il rencontrerait une grande opposition de la part des chasseurs italiens, et il croit utile d'attendre qu'un accord se soit fait entre les techniciens et les intéressés; malheureusement, nous pouvons être assurés que cela demandera du temps! Et cependant on ne peut mettre en doute l'opportunité d'une date unique, surtout pour faciliter la surveillance des agents qui en sont chargés.

Une très bonne disposition de la loi est l'intérêt sérieux qu'elle prend à plusieurs espèces qui sont en voie continue et alarmante de diminution (Tetras urogalle et lyre, Perdrix rouge et Turnix sauvage), il en est de même de la prohibition de la chasse des Hirundinidés et des Pigeons voyageurs. Je n'ai pas besoin d'insister sur les mesures proposées pour la protection des œufs, des nids et des nichées, pour interdire la capture des Oiseaux pendant la nuit et aussi longtemps que le sol est couvert de neige, pour interdire tout commerce de gibier pendant la période où la chasse est interdite, pour instituer des primes à distribuer aux agents et à tous ceux qui contribueront à la protection des Oiseaux, ni sur les peines applicables aux braconniers et aux personnes contrevenant aux dispositions de la loi.

Ce projet de loi, qui est destiné à devenir bientôt effectif, est en grande partie bon, et, sans aucun doute, le meilleur de tous ceux qui ont été proposés jusqu'ici. Il contient en effet de très bonnes dispositions vraiment pratiques et techniques, et vise réellement à la conservation de la faune italienne. Mais, à mon avis, pour affirmer notre triomphe définitif, il faut restreindre la période où la chasse est permise, interdire de capturer ou tuer toutes sortes d'Oiseaux pendant la fermeture de la chasse et, ce qui réalisera la perfection idéale, sera la prohibition absolue des filets, pièges, trappes et de tous ces engins de destruction, quel qu'en soit le genre (à l'exception du fusil) qui sont les véritables engins du massacre et la honte du noble art de la chasse. Et, puisque ce principe d'absolue prohibition a paru si difficile à appliquer, cherchons au moins à le rendre peu à peu effectif.

En attendant la promulgation de la loi unique, le ministre a envoyé des instructions aux Instituts zootechniques, aux Écoles d'agriculture, aux Sociétés de chasseurs, aux autorités civiles et ecclésiastiques et à tous ceux qui ont une mission d'instruire, pour les inviter à coopérer au respect et à la protection de notre faune.

Il faut encore louer la résolution prise par le gouvernement d'étudier la création de parcs nationaux. Les premières recherches ont déjà été commencées pour la création d'un premier parc dans la Valle di Livigno, à la frontière suisse.

C'est donc un fait qu'en Italie on tue trop; mais il est vrai aussi que l'on retrouve les mêmes excès chez certaines nations voisines, parmi celles qui déplorent le plus âprement nos *massacres*. À ce propos, on peut citer plusieurs exemples, parmi lesquels la récolte et le commerce des œufs de Vanneaux, de Goëlands et d'autres Oiseaux de mer qui se pratiquent sur certaines côtes septentrionales de l'Europe. À nos yeux, cette récolte constitue un acte de braconnage, mais en Allemagne, en Scandinavie, en Angleterre c'est une coutume locale si invétérée que la Convention de Paris elle-même dut l'admettre.

Convaincus, comme nous le sommes, que la protection de nos meilleurs amis ailés est une question dont la solution s'impose sans délai, tant au point de vue cynégétique et agricole qu'au point de vue scientifique, nous avons la ferme espérance qu'une loi unique sur la police de la chasse, rationnelle et complète, sera promptement approuvée par le Parlement, car le ministre actuel s'intéresse fortement à la bonne cause. Cette loi sera apte à arrêter les abus, rendra efficace la surveillance et, surtout, permettra l'institution de réserves cynégétiques déjà en partie organisées. Mais, si les réserves existantes et celles qui viendront à être créées sauvent les Oiseaux d'une destruction inévitable, elles sont loin de protéger la totalité de la Faune, ce à quoi les Naturalistes et tous ceux qui aiment réellement la nature doivent avant tout tenir. Nous devrons limiter l'excessive multiplication des espèces reconnues nuisibles à la conservation d'autres espèces et cela devra être une mesure préventive mais non destructive. Nous redoublerons nos efforts pour inculquer aux jeunes élèves le respect de tous les animaux et spécialement l'amour des petits Oiseaux; nous leur défendrons de jamais s'emparer soit d'œufs, soit de jeunes, en

un mot de ne pas dénicher les nids et de chercher, en toute
occasion, à protéger la gent ailée.

Nous augmenterons le nombre des primes données aux plus
actifs protecteurs. C'est à quoi s'est très bien employée la
Société « Pro montibus » dans plusieurs régions et surtout en
Vénétie, où elle a obtenu de bons résultats.

L'emploi de nichoirs artificiels a aussi donné de bons résultats dans les diverses contrées où on en a placé.

Un article du Code criminel italien interdit de brutaliser
inutilement les animaux, et je suis heureuse de pouvoir dire
que cet article a été appliqué plusieurs fois en Toscane (où je
suis née et où je demeure) contre la cruelle coutume d'aveugler les Pinsons, Verdiers, Chardonnerets pour en faire des
instruments d'appel et de destruction d'autres Oiseaux. Nous
espérons que toutes les autorités suivront l'exemple des Pré-
teurs de Toscane et qu'on cessera de commettre un des plus
ignobles actes de barbarie, peut-être permis aux tyrans des
temps anciens, mais dont le seul récit suscite aujourd'hui notre
horreur.

On peut voir, par ces rapides renseignements ce que,
nous, Italiens, venons de faire en faveur de la Protection des
Oiseaux, qu'en Italie aussi nous allons nous occuper sérieusement de cette question qui intéresse le monde entier, et je suis
bien heureuse d'avoir eu l'occasion de rompre une lance contre
les attaques et les reproches que pouvaient, jusqu'ici, nous
adresser les étrangers.

CONFÉRENCE DE M. AD. BURDET

Les Oiseaux et leurs nids.

La conférence de M. Burdet, que nous avions annoncée dans notre dernier Bulletin, a eu lieu le dimanche 9 mars, devant une assistance si nombreuse que la Salle des Naturalistes au Muséum d'Histoire Naturelle s'est trouvée trop petite pour contenir toutes les personnes qui avaient répondu à notre invitation. Peu après l'ouverture des portes, toutes les places étaient occupées, et nous avons eu le regret d'apprendre que les derniers arrivants n'avaient pu pénétrer dans la salle : qu'ils nous pardonnent ce regrettable mais involontaire incident.

A l'heure fixée, prenaient place au Bureau, outre le président et le conférencier, M. Louis Ternier, vice-président, et M. le comte d'Orfeuille, secrétaire de la Ligue; M. Maurice Loyer, secrétaire général et M. Charles Debreuil, secrétaire pour l'Intérieur de la Société nationale d'Acclimatation.

M. Magaud d'Aubusson ouvrit la séance par l'allocution suivante :

Mesdames, Messieurs,

La Ligue française pour la protection des Oiseaux vous remercie de l'empressement que vous avez mis à répondre à son invitation, et nous ne pouvions souhaiter la bienvenue à notre conférencier d'une manière plus flatteuse qu'en lui offrant un auditoire aussi nombreux et aussi choisi.

Mais nous n'oublions pas que, s'il nous est permis de nous réunir aujourd'hui dans cette salle, où d'éminents professeurs ont coutume de développer le programme de leur enseignement, nous le devons au grand savant qui dirige le Muséum, M. Edmond Perrier, membre de l'Institut, président de la Société nationale d'Acclimatation, dont la sollicitude pour notre œuvre ne s'est jamais démentie. Nous lui en exprimons notre gratitude. Nous adressons aussi nos remerciements à M. le commandant Pleindoux, surveillant général de cet Etablissement, qui a facilité dans toute la mesure possible l'organisation de la conférence que vous allez entendre.

M. Burdet est venu de Hollande pour vous parler des Oiseaux et, à l'aide de projections lumineuses, vous faire pénétrer dans l'intimité de leurs mœurs charmantes, car M. Burdet est à la fois un naturaliste averti et un artiste. Il s'est fait une spécialité de la photographie des Oiseaux en liberté et, au cours de ses excursions ornithologiques, il a recueilli un grand nombre d'observations curieuses qu'il a réussi à fixer sur la plaque sensible. Les clichés qu'il va vous montrer témoigneront du succès qu'il a obtenu dans cette tâche délicate et difficile.

Les Oiseaux, M. Burdet les aime avec passion et veut les faire aimer. Depuis de longues années, il les étudie, non pas seulement dans les vitrines des musées et les cabinets d'histoire naturelle, écoles où, selon la parole de Chateaubriand, « la mort, la faux à la main, est le démonstrateur », mais en pleine nature, en pleine vie. Ses laboratoires sont les champs et les forêts, les marais et les lacs, les berges des fleuves et les rivages de la mer. Il va raconter ensuite ses découvertes, les vulgariser par des conférences, réclamer en faveur de ses gracieux clients beaucoup d'admiration et un peu plus de justice et de bonté.

Les idées de protection n'ont pas de champion plus ardent et plus dévoué. Il sème partout le bon grain, en Suisse, son pays d'origine, en Hollande, sa patrie d'adoption, et nous lui sommes reconnaissants d'avoir choisi, en France, le siège de notre Ligue comme une étape de son apostolat.

Mais M. Burdet nous accuserait, avec raison, d'ingratitude si nous ne citions pas ici, à côté de son nom, celui de M. Alfred Richard, de Neuchâtel, un grand ami, comme lui, des Oiseaux, qu'une subite indisposition a empêché de se joindre à nous, et dont l'heureuse initiative nous a valu l'aimable concours de notre distingué conférencier.

Il y a à peine un an que la Ligue française a été fondée par l'activité persévérante de M. Albert Chappellier, sous la tutelle de la Société nationale d'Acclimatation, elle est donc la plus jeune des Associations du même genre qui existent chez les autres nations, mais déjà son œuvre a été féconde et, grâce aux nombreux adhérents qui viennent à elle, nous sommes assurés maintenant de sa vitalité. Votre présence dans cette enceinte, Mesdames, Messieurs, prouve au surplus que la cause si digne d'intérêt que nous défendons est de nature à provoquer toutes les sympathies. Nous voudrions seulement que cette sympathie, parfois un peu vague et passagère, se précise davantage, prenne une forme plus concrète, suscite, en un mot, l'aide efficace qui nous permettra de lutter avec plus d'énergie encore pour le triomphe de nos idées.

Voyez ce qu'on peut faire par le groupement et l'union des bonnes volontés :

Il y a, en Hollande, un lac aimé des Oiseaux d'eau et de rivage, le lac de Naarden, d'une superficie de 700 hectares. Là, vivent en sécurité des troupes heureuses d'Echassiers et de Palmipèdes. Il fut question de le dessécher, pour mettre en culture les terrains reconquis. C'était la disparition, la perte définitive pour le pays d'une de ses plus riches stations ornithologiques. L'Association néerlandaise de protection s'en émut et trouva la solution élégante en faisant l'acquisition du lac de Naarden, au prix de 350.000 francs, qui furent réunis en quelques semaines. Elle a constitué ainsi une sorte de réserve aquatique, un véritable parc national, où s'ébattent, dans la joie, les bandes tourbillonnantes des Pluviers, des Bécasseaux et des Chevaliers, la blanche Spatule, les Vanneaux aux reflets changeants, les bruyantes tribus des Canards, où se croisent dans l'air les Sternes et les Mouettes au manteau couleur de perle, où les nids se bâtissent dans les roseaux, où le Héron méditatif rêve en paix sur le sable des rives.

Certes, nous sommes loin de pouvoir imiter une telle munificence : nous avons cependant l'ambition de créer, nous aussi, des réserves ornithologiques, à la vérité beaucoup plus modestes. du moins pour le moment. qui contribueront, nous en avons l'espoir, — et nos projets ont déjà reçu un commencement d'exécution dans un ilot de la Manche, — à sauver d'une destruction totale à peu près certaine de précieuses espèces de notre Faune, et à protéger, pour les voir se multiplier, les Oiseaux insectivores qui rendent de si grands services à l'Agriculture.

Car le programme de la Ligue française n'est pas fait uniquement de sentiment, nous poursuivons avant tout un but très nettement utilitaire. L'homme, par des hécatombes inconsidérées, a rompu l'équilibre initialement établi dans la nature entre les espèces animales, sans songer que la Faune ailée est indispensable à la végétation, et que l'extermination des petits Passereaux amène le pullulement des insectes nuisibles qui ravagent les arbres et les moissons. Nous avons assisté alors à un spectacle lamentable : de vastes cantonnements de forêts desséchés par la morsure d'une malfaisante bestiole, des blés naissants, de plantureux champs de betteraves et de houblon, de verdoyantes prairies naturelles et artificielles, coupés à la racine par la larve du hanneton, des vergers meurtris dans leurs fleurs, leurs rameaux et leurs fruits par d'épuisants parasites, nos vignobles dévastés par de minuscules mais terribles ennemis, la richesse nationale atteinte dans ses sources les plus abondantes.

C'est à conjurer de pareils désastres que nous tendons nos efforts. Nous nous sommes dit que l'homme doit réparer le mal causé par l'homme et, pleins de confiance dans l'avenir, nous avons formé cette Association des amis, des protecteurs de l'Oiseau, d'une si haute utilité publique.

Nous demandons que, sous aucun prétexte, on n'attente à la vie de certaines espèces, les plus nombreuses, dont nous ne saurions nous passer sans préjudice grave pour notre prospérité agricole. Il sera permis parfois de réduire le nombre de quelques autres, suivant des circonstances particulières et soigneusement examinées, et si nous nous montrons plus sévères à l'égard des Rapaces aux instincts carnassiers, nous reconnaissons néanmoins que plusieurs d'entre eux nous rendent de signalés services en diminuant le nombre des petits mammifères qui rongent nos récoltes, ou en remplissant, en certains pays, le rôle respectable d'épurateurs et de préposés à la voierie. Pour ceux même qui prélèvent une dime sur notre gibier et nos animaux domestiques, Aigles, Gypaètes, Faucons, Autours, Grand-Ducs, Milans, etc., tout en consentant à des exécutions, hélas ! nécessaires. nous voulons en conserver les types. comme faisant partie du patrimoine intangible de la beauté de l'Univers.

Au demeurant. nous aimons et protégeons tous les Oiseaux, quoique à des degrés et des titres divers. les uns parce qu'ils nous sont d'une utilité directe et évidente, les autres parce qu'ils représentent de merveilleuses formes de la vie.

La folie destructive de l'homme provient le plus souvent de son ignorance. Il faut donc l'instruire. lui apprendre à aimer et protéger les Oiseaux en les lui faisant connaître, et en lui révélant les bienfaits dont ils ne cessent de le combler. C'est à quoi s'appliquera notre Ligue. M. Burdet est le bon ouvrier de cette action éducatrice. Il vous dira mieux que moi quel charme procure l'étude des Oiseaux à ceux qui s'y sont voués, il vous le fera surtout mieux sentir en vous montrant les suggestives images qui reproduisent les manifestations si variées de leurs habitudes naturelles.

Nous ne tarderons pas plus longtemps à lui donner la parole.

Le président donna la parole au conférencier, et M. Burdet, après avoir dit la joie qu'avaient éprouvée, à l'étranger, les amis des Oiseaux en apprenant la création, en France, d'une Ligue protectrice, faisait passer sur l'écran les premiers clichés.

Ils montrent l'ensemble et les détails de l'installation des perchoirs sur le phare de Terschelling. M. Burdet a collaboré avec M. Thijsse aux recherches préliminaires et aux premiers essais ; les résultats qu'il donne sont preuve que la question est dès maintenant résolue, et M. Burdet a bien voulu nous promettre, pour un prochain Bulletin, la relation complète de ce qui a été fait.

Avec les projections suivantes, apparaissent les Oiseaux près de leurs nids, couvant leurs œufs ou nourrissant leurs jeunes. Il est impossible de rendre, même imparfaitement, dans ce court compte rendu, l'attrait des scènes que M. Burdet présente avec une bonhomie charmante, qui a, tout aussitôt, conquis son auditoire.

Contentons-nous de citer : les différentes Mésanges venant au nourrissage hivernal ou apportant des insectes à leurs jeunes dans des cavités naturelles et dans des nichoirs artificiels. Le Sansonnet également accroché au nichoir qui abrite sa petite famille. Puis des Oiseaux nichant à terre, dans les broussailles ou les herbes folles. Le Rossignol — qui l'aurait soupçonné ? — apporte à ses jeunes un hanneton que deux petits « entonnoirs » ont bien du mal à faire disparaître. L'histoire du jeune Coucou, saisie sur le vif en plusieurs tableaux. La Fauvette des roseaux, le Loriot, près de leurs nids si curieux. Les Oiseaux de proie nocturnes et la Cresserelle plaident pour eux-mêmes en apportant sous nos yeux des souris à leur progéniture. D'autres rapaces viennent ensuite, moins recommandables, peut-être, mais tout aussi dignes de l'attention et du respect du Naturaliste : l'Epervier, si farouche, les Buzards, que M. Burdet a su fixer sur la plaque dans des attitudes empreintes d'une sauvage beauté.

Voici, à un petit abreuvoir cimenté, établi dans la dune aride, des Grives, une Tourterelle, une Bergeronnette saisie dans un des rares moments où sa queue est immobile, des Becs-croisés qui firent un assez long séjour dans la région.

Venaient ensuite des Oiseaux de mer : Mouettes et Goélands, isolés ou en colonies nombreuses, les femelles couvant à peu de distance les unes des autres, ou entre-croisant leur vol en tableaux du plus gracieux effet.

Nous allions enfin sur le lac de Naarden, où M. Burdet nous présentait le joyau de la faune ornithologique hollandaise : la superbe Spatule au plumage immaculé. Les deux dernières colonies sont maintenant protégées, et nous ne serons pas contraints d'aller chercher la Spatule au Jardin zoologique où un cliché nous la montre, tassée sur elle-même, le plumage hirsute, maladive et figée, attristant contraste avec l'oiseau libre, magnifique de prestance et de vie.

Le conférencier termina, par une délicate attention pour notre Ligue, avec deux clichés de Macareux, frères de ceux que nous essayons de protéger en Bretagne.

Nous ne pouvons tout citer de cette conférence, dont les applaudissements du public ont souligné tous les passages, mais nous nous reprocherions d'omettre une anecdote touchante qui prouve combien l'étude des Oiseaux contient en elle de charme et de moralité. M. Burdet observait un jour un nid de Bécassine où reposait une jeune couvée. Habilement dissimulé dans un massif de roseaux, il admirait les précautions infinies que prenaient les parents pour s'approcher du nid sans en déceler la présence, les soins pleins de tendresse qu'ils prodiguaient à leurs jeunes, les peines et les fatigues qu'ils enduraient tout le long du jour pour se procurer la nourriture convenable et satisfaire ces estomacs affamés. Emu et émerveillé par tant de dévouement et d'intelligence, par les mille petits faits révélateurs d'une psychologie attendrissante chez ces Oiseaux que la délicatesse de leur chair fait massacrer sans pitié, M. Burdet se jura de ne plus jamais tirer un seul coup de fusil sur des Bécassines, et il a tenu parole. Il nous montra la photographie du nid dont l'observation avait si profondément modifié ses sentiments de chasseur.

Les photographies d'Oiseaux sont donc, à tous les points de vue, un admirable moyen de propagande. La chasse au cliché remplaçant la chasse au fusil serait l'idéal des Sociétés de protection et de conservation des Oiseaux. M. Burdet est entré dans cette voie, et nous avons pu juger des remarquables résultats qu'il y a obtenus; nous le remercions d'être venu développer devant nous son programme, avec pièces à l'appui, et combien convaincantes. Il laissera à la Ligue française un inoubliable souvenir.

A la fin de cette belle réunion, le président a remis à M. Burdet, au nom de la Ligue française, une médaille commémorative frappée spécialement à son intention.

EXTRAITS

DES

PROCÈS-VERBAUX DES SÉANCES DE LA LIGUE

SÉANCE DU 24 JANVIER 1913

Présidence de **M. Magaud d'Aubusson**, Président.

Le procès-verbal de la dernière séance est lu et adopté.

A propos des plaques dont il y a été parlé et qui serviraient à indiquer les propriétés protégées, on exprime le vœu que les propriétaires se réunissent et envoient leurs noms, ce qui permettrait d'en faire fabriquer en nombre.

M. Mailles désirerait savoir à quelle espèce pourraient bien appartenir les Serpents qui ont été signalés comme dangereux pour les nids et les couvées.

La Buse est-elle absolument nuisible? Les avis sont partagés. M. Berthoule a été témoin d'un de ses méfaits; M. Pichot voudrait l'analyse du contenu de l'estomac de cet animal. Or, sur 1.704 Buses autopsiées, le Dr Karl Hennicke dit qu'il a été trouvé 16 p. 100 de débris appartenant à des êtres utiles, 80 p. 100 à des êtres nuisibles et 4 p. 100 à des êtres indifférents.

Un instituteur des Deux-Sèvres, M. Guilloreau, a eu l'heureuse idée de faire une conférence sur l'utilité des Oiseaux pour inculquer aux habitants du pays les idées de la Ligue. Combien il serait à désirer qu'un tel exemple fût suivi.

Il est donné lecture d'un article du journal *La Nature* sur la découverte de M. Thijsse, basée sur cette observation que les Oiseaux ne s'assomment pas contre la lanterne des phares, mais s'épuisent à suivre pendant des heures, dans leurs mouvements tournant, les rayons des projecteurs. Pour éviter la mort des Oiseaux, il suffit donc de leur fournir de nombreux perchoirs où ils puissent se reposer à l'abri de leurs ennemis. Dans une seule nuit de novembre, 6.000 Oiseaux se sont perchés près du phare de l'île de Terschelling et le lendemain on a trouvé un seul mort, une Bécasse; pendant ce temps,

150 Oiseaux de la même espèce périssaient au phare de Gotteville, près de Cherbourg.

Le *Figaro*, dans un très bon article, a raconté les efforts de la Ligue, efforts couronnés de succès, en faveur des malheureux Macareux de l'île de Rouzic.

Un autre article fort intéressant émane d'un journal de l'Indo-Chine et demande la protection des Marabouts, qui, domestiqués au lieu d'être traqués, débarrasseraient bien vite les rizières de la présence des Rats, qui sont un véritable fléau.

Si nous revenons en France, nous y constatons avec plaisir que les pouvoirs publics commencent enfin à s'apercevoir du péril. En Vendée, les tribunaux des Sables-d'Olonne et de Fontenay-le-Comte ont infligé des peines diverses à des individus coupables d'avoir capturé des petits Oiseaux la nuit et au moyen d'engins prohibés.

Un autre braconnier, au dire de M. Rollinat, est plus difficile à attraper. Notre collègue avait mis aux arbres de son jardin dix nichoirs Berlepsch pour Mésanges et autres. Dès le lendemain, des Mésanges bleues y entraient, mais le Friquet, très répandu dans la localité, monte maintenant la garde près des nichoirs et les Mésanges n'y viennent plus guère.

Et le Chat! Voilà encore une peste pour les amateurs de gibier, tout le monde n'ayant pas, pour s'en débarrasser, les aptitudes merveilleuses d'un vieux Nemrod de mes amis, que les bonnes femmes de son village, réduites au rôle de Mère Michel, ont baptisé du nom de Ravachol. D'après le *Tierfreund*, de Strasbourg, il suffirait, pour éloigner les Chats, sans nuire à leur existence, de chiffons imprégnés d'huile animale empyreumatique. Et si vous n'y croyez pas, et bien... essayez.

A noter, en finissant, un vieil article — tout devient vite bien vieux à notre époque — retrouvé dans la *Revue scientifique* et dû à la plume élégante de M. André Godard. On y verra comment, en 1898, cet ami de l'Oiseau voyait la gravité du danger et devinait tout le mal qui s'est accompli depuis lors.

M. le Président envoie les félicitations de la Ligue à M. le comte Clary, promu officier de la Légion d'honneur.

La séance se termine par une communication de M. A. Chappellier sur le nourrissage hivernal des Oiseaux.

Le secrétaire,
COMTE D'ORFEUILLE.

LA COMMISSION PERMANENTE DE LA CHASSE

La Commission permanente de la chasse, dans sa séance du 8 mars, a examiné des questions qui nous intéressent directement; on en jugera par le procès-verbal qui a été publié, et sur lequel nous aurons à revenir :

La Commission chargée de rechercher les modifications à apporter aux lois et règlements sur la chasse, réunie au ministère de l'Agriculture, sous la présidence de M. Raynaud, député, ancien ministre, vice-président, a continué la discussion du rapport de M. Ternier sur la chasse au gibier d'eau.

La Commission a émis un vœu en faveur du principe d'une réglementation de la chasse sur les lais et relais de mer, sur le rivage de la mer et dans les eaux territoriales, avec interdiction de la chasse au canon (canardière supérieure au calibre 4), et, autant que possible, de la pose des filets destinés à la capture des Oiseaux de mer.

Elle a repris ensuite la question des vœux du Congrès des chasseurs du Sud-Ouest, tenu à Nérac, et a entendu le rapport de la sous-commission chargée de rédiger un avis à ce sujet. Ont été adoptés les considérants de ce rapport où sont maintenus les principes posés par la Convention internationale de 1902, et les conclusions comportant transitoirement certaines concessions pratiques.

La Commission vote un vœu pour la vulgarisation, par les instituteurs, de la protection des petits Oiseaux.

Sur la question du transit international du gibier frigorifié en temps de fermeture de la chasse, la Commission se montre favorable à ce transit, sous plomb de douane, sauf en ce qui concerne la Caille.

M. Christophe commence la lecture de son rapport sur le transport et le commerce du gibier en temps prohibé.

La Commission se réunira ultérieurement.

POUR LA PROPAGANDE

Dons de M. Ad. Burdet. — Avant de quitter Paris, M. Ad. Burdet s'est inscrit comme Membre Donateur de la Ligue, et nous a fait don de 20 collections de vues stéréoscopiques (en deux séries différentes), et de 50 pochettes de cartes-postales reproduisant des clichés de sa collection, tous ces tirages devant être vendus au profit de notre caisse de propagande.

Les vues stéréoscopiques sont du format 8 1 2 × 17, elles sont tirées directement sur papier au citrate et gardent toute la finesse des originaux. On pourra les voir prochainement, au Secrétariat, dans un stéréoscope à chaîne, à côté de 24 autres vues sur verre données également par M. Burdet. C'est une démonstration frappante de la supériorité de la photographie stéréoscopique sur la photographie ordinaire pour l'étude de l'histoire naturelle.

Dans les pochettes de cartes-postales se trouvent 12 vues, agrandissements des clichés que nous avons admirés à la conférence du 9 mars. Les Oiseaux sont accompagnés d'une courte légende, et les cartes-postales, en dehors de leur grand intérêt artistique, constituent un très bon moyen de propagande.

Chaque série de tirages stéréoscopiques comprend 25 vues que nous enverrons franco au prix de 5 francs. La pochette de cartes-postales coûtera 1 franc.

M. A. Bessin a acheté les deux séries stéréoscopiques et une pochette de cartes-postales.

Ont également acheté des cartes-postales : Mme R. Leli, MM. J. Ballereau, A. Chappellier, Ch. Debreuil, S. Depret-Bixio, M. Loyer.

———

M. James H. Hyde s'est inscrit comme Membre Donateur.

———

Achat de livres. — M. Doigneau a doublé le prix de l'exemplaire de *Grâce pour les Oiseaux*, acheté par lui.

Mme de Buyer-Mimeure : Un exemplaire de *L'Oiseau et les récoltes*, 10 exemplaires du Discours de M. F. Hugues.

M. A. Baroux : Un exemplaire de *L'Oiseau et les récoltes*, un exemplaire de *Grâce pour les Oiseaux*, un exemplaire de *Contes et Nouvelles de bêtes*, un exemplaire de *Sauvons nos Oiseaux*.

M. A. Cuisinier : Un exemplaire de *Grâce pour les Oiseaux*, un exemplaire de *L'Oiseau et les récoltes*, un exemplaire de *Sauvons nos Oiseaux*, un exemplaire de *Les amis du cultivateur*.

Un ami des petits Oiseaux : Un exemplaire de *Grâce pour les Oiseaux*.

———

Sauvons nos Oiseaux ! — La brochure de M. A. Hotelin est maintenant parue en librairie et nous pourrons l'envoyer aux prix suivants : moins de 5 exemplaires, 0 fr. 75 l'exemplaire : au-dessus de 5 exemplaires, 0 fr. 50. Nous prions les personnes qui nous avaient parlé de cette brochure de bien vouloir confirmer leur demande.

———

Séance d'avril. — Rappelons que cette séance a lieu le vendredi 18 à 3 heures. Communication de MM. d'Anne : l'Écureuil et les Oiseaux. Compte rendu financier.

A la *Section de Botanique de la Société d'Acclimatation*, le 21 avril. M. Poisson, assistant au Muséum d'Histoire Naturelle, fera une communication sur les Plantes dont les fruits, baies ou graines peuvent servir de nourriture aux Oiseaux.

Ce travail paraîtra au Bulletin de la Ligue, accompagné des

remarques que des collègues nous feraient parvenir sur les résultats de leurs expériences personnelles. Nous arriverons, de cette façon, à établir une liste des arbres, arbustes ou arbrisseaux à choisir suivant le sol et le climat, avec indication de l'époque de maturité de leurs fruits, et du nom des Oiseaux qui les préfèrent. Des plantations ainsi constituées, non seulement attirent ou retiennent les Oiseaux, mais facilitent encore beaucoup le nourrissage en mauvaise saison.

Liste des membres. — Nous reprendrons la publication de cette liste après l'apparition du procès-verbal de la dernière séance, qui a lieu en mai.

Recouvrement de la cotisation de 1913. — Dans la seconde quinzaine d'avril, nous ferons présenter les recouvrements que nous avons annoncés dans les Bulletins précédents. En cas d'absence, le reçu est présenté une deuxième fois ; nous serions reconnaissants aux Ligueurs de bien vouloir prendre leurs dispositions pour que le reçu puisse être touché à leur domicile, même s'ils ne s'y trouvaient pas au moment du passage du facteur.

On trouvera, encarté dans le présent numéro du Bulletin, le titre de l'Année 1912, destiné à être relié en tête de la collection des numéros de la première année.

Le Gérant : A. MARETHEUX.

Paris. — L. MARETHEUX, imprimeur, 1, rue Cassette.

BULLETIN DE LA LIGUE FRANÇAISE

POUR LA

PROTECTION DES OISEAUX

FONDÉE PAR LA

SOCIÉTÉ NATIONALE D'ACCLIMATATION DE FRANCE

LE PHARE DE TERSCHELLING

ET LA PROTECTION DES OISEAUX

Par AD. BURDET.

Le dernier rapport officiel du ministère hollandais de l'Agriculture sur la protection des Oiseaux au phare de l'île de Terschelling, daté du 15 février 1913, est venu confirmer les heureux résultats obtenus par le dispositif de M. Thijsse, au cours de ces trois dernières années. On trouve, consignées dans ce rapport, les observations journalières des gardiens du Brandaris (nom du Phare de Terschelling) allant du 1ᵉʳ juin au 1ᵉʳ décembre 1912. Pendant ces six mois, il n'y a eu *en tout* que 144 Oiseaux morts (76 trouvés au pied de la tour, et 68 sur la petite plate-forme au sommet du phare). Remarquons que ce sont les Alouettes des champs (35) et les Étourneaux (48) qui forment la grande majorité des victimes du phare; parmi les autres espèces d'Oiseaux morts, je relève 10 Merles, 3 Grives, 10 Vanneaux, 1 Caille, 3 Pluviers dorés, 1 Bécassine et 2 Bécasses.

Ainsi que le faisait remarquer M. Richard dans son article sur le même sujet (voir le *Bulletin de la Ligue* de décembre 1912), ces chiffres parlent avec trop d'éloquence pour qu'il soit nécessaire d'insister. L'épreuve est faite et l'on peut affirmer bien

haut que la question de la protection des Oiseaux contre leur
destruction par les phares est heureusement résolue. Il ne reste
plus, aux divers gouvernements que cela concerne, qu'à
appliquer le dispositif imaginé par Thijsse, en tenant compte
des légères modifications que pourrait nécessiter la situation
ou la construction même de chaque phare. Il me paraît utile
de rappeler à ce propos, qu'en cherchant la solution de ce problème, on a dû tenir compte naturellement d'une condition de
première importance : il s'agissait de trouver un dispositif qui

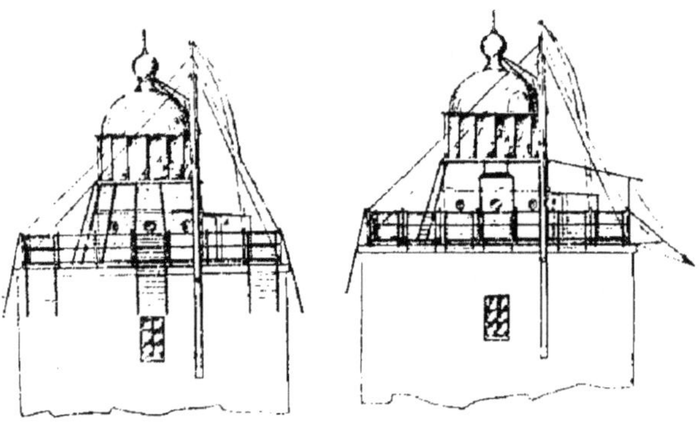

Fig. 1. — Croquis indiquant la disposition des échelles Thijsse sur le
phare de Terschelling. — A gauche, première installation faite en
novembre 1909. — A droite, installation modifiée en mai 1912 : les grandes
échelles accrochées à la balustrade vers l'extérieur du phare (on en voit
trois sur la figure de gauche) ont été raccourcies parce que leur partie
inférieure, trop éloignée des rayons lumineux, n'était pas utilisée par les
Oiseaux. Les échelles qui vont de la base de la lanterne (A) à la plate-
forme du phare (on en voit quatre sur la figure de gauche) ont été en
grande partie remplacées par des échelles inclinées, partant également
de la base de la lanterne, mais aboutissant à des montants verticaux fixés
à la balustrade du phare (on en voit une de face au-dessus du hublot du
milieu, une autre se projette de profil sur la droite de la figure de
droite : on trouvera le montant et l'échelle elle-même en comparant les
parties de droite des deux figures).

ne diminuerait en aucune façon l'intensité des rayons du phare ;
car c'est là l'objection souvent formulée contre les mesures
proposées jusqu'ici. Je dois dire que cette difficulté a été
beaucoup moins difficile à vaincre qu'il ne le semblait au premier abord, et le dispositif Thijsse tient compte d'une façon
absolue de cette condition si essentielle. Les échelles-perchoirs
sont placées au-dessus et au-dessous du champ des rayons
lumineux, de façon qu'aucun des Oiseaux perchés n'intercepte
la lumière des projecteurs ; bien au contraire, l'abri qui leur

est offert par les échelles les éloigne de la zone des rayons lumineux dans laquelle jadis des milliers d'Oiseaux accomplissaient pendant des heures entières leurs rondes effrénées.

Il faut enfin remarquer que le gouvernement des Pays-Bas a été admirablement secondé dans cette œuvre de protection des oiseaux par le zèle et la probité des gardiens du phare, qui tous, du premier au dernier, ont pris un vif intérêt à cette belle cause et n'ont pas hésité un seul instant à placer l'intérêt général du pays et celui des Oiseaux au-dessus du leur, et à renoncer, sans aucune espèce de dédommagement matériel, au petit bénéfice que leur procurait autrefois l'action meurtrière des feux tournants du phare par les nuits de brouillard. Souhaitons-leur de nombreux émules dans tous les pays.

* *

Dans une lettre datée du 8 avril, M. Burdet nous parle d'une visite qu'il vient de faire au Brandaris, en compagnie de M. Thijsse.

Les nuits peu favorables n'ont permis d'observer qu'un très petit nombre d'oiseaux, à peine une cinquantaine (Etourneaux, Huitriers, Alouettes) dont quelques-uns sont venus se percher sur les échelles.

Fig. 2. — Photographie prise sur la plate-forme du phare. — En bas et à droite, on voit une partie d'une des échelles extérieures — une des échelles inclinées, qui partent de la base de la lanterne, traverse obliquement la partie supérieure du cliché. On voit de face, et appuyée sur l'échelle inclinée, une des échelles qui vont de la base de la lanterne à la plate-forme : cette échelle a été décrochée et mise en évidence pour en montrer la construction.

« J'ai eu le grand plaisir, dit M. Burdet, de me trouver dans l'Ile avec M. l'Inspecteur général des Phares en Hollande, à qui nous sommes très reconnaissants pour l'appui si ferme qu'il nous a accordé dans cette œuvre de protection. Les entretiens que j'ai eus avec lui, ont confirmé l'impression que je vous ai déjà communiquée, à savoir que les divers employés du phare, mécaniciens, chauffeurs et gardiens, ont tous collaboré de la façon la plus *consciencieuse* aux divers essais qui ont été faits. Leur loyauté absolue et leur zèle ont assuré le succès des expériences que vous connaissez. J'ai eu, du reste, du plaisir à voir combien ils étaient heureux et fiers des beaux résultats obtenus jusqu'ici. Ils n'ignorent pas que la célébrité acquise par le phare du Brandaris est un peu leur œuvre; la jouissance qu'ils en éprouvent est peut-être leur meilleure récompense »..... « Puisque nous parlons de phare, vous apprendrez avec plaisir que mon ami, M. Thijsse, vient de recevoir une invitation de la *Royal Society for the protection of Birds*, à venir prochainement dans l'Ile de Wight, visiter les installations qui viennent d'être terminées, pour la protection des Oiseaux contre leur destruction par les phares, afin qu'il puisse se rendre compte si les appareils ont été vraiment construits conformément à ses indications. Il est possible que j'accompagne M. Thijsse dans cette visite, qui aura probablement lieu du 17 au 21 avril. Et j'espère bien que la prochaine visite de ce genre se fera à l'un de vos phares de la côte de Bretagne; je souhaite ardemment que j'aie ce plaisir avant qu'il soit longtemps. »

Nous sommes persuadés qu'en présence des résultats si nets obtenus au Brandaris, les ingénieurs de notre service des phares ne voudront pas rester en arrière de leurs collègues de Hollande, et favoriseront les essais projetés en France. Voici l'Angleterre qui, à son tour, installe sur l'important phare de l'île de Wight le dispositif de M. Thijsse, il ne faut pas que nous soyons les derniers à l'adopter. Le Saint-Hubert-Club, qui a pris cette initiative, aura, nous n'en doutons pas, l'appui des pouvoirs compétents, et le bel exemple donné par les employés de phare hollandais à nos gardiens français leur servira de stimulant et les encouragera à seconder les mesures protectrices qui pourront être prises sur les phares dont ils ont la surveillance.

LA PROTECTION RATIONNELLE DES OISEAUX

Par LOUIS TERNIER

(Suite.)

Il y a quelque temps, une Revue dont je ne saurais trop louer les constants efforts en faveur de la protection des animaux en général et des Oiseaux en particulier, a publié une boutade bien pardonnable sur la façon dont elle prétend que la Ligue pour la protection des Oiseaux entendrait protéger la gent emplumée qui choisit nos contrées pour lieu de nidification. J'ai été personnellement pris à partie et accusé de prêcher la protection des couvées afin d'avoir, comme chasseur, plus de victimes à faire, au moment de la saison de chasse. Il y avait là une erreur d'interprétation que, j'en suis convaincu, ont dissipée les explications que j'ai fournies à l'auteur de l'article puisqu'il s'est contenté de me répondre que la chasse est un plaisir cruel, ce qui, au fond, est relativement exact. Mais il me semble que, puisque j'ai entrepris de donner ici un aperçu de ce que doit être la protection rationnelle des Oiseaux, je dois à nos adhérents une explication dépourvue d'artifice. A part M. Ménégaux, qui se contente d'être un ornithologiste distingué, tous les fondateurs et les membres du bureau de notre Ligue sont chasseurs. C'est pourquoi j'ai déjà fait remarquer qu'en cette occasion comme en bien d'autres où il s'est agi de protéger les Oiseaux, l'initiative d'une protection qui s'impose est due justement à ceux qu'on croirait les moins susceptibles de s'intéresser à une campagne que les profanes croient de nature à entraver le libre exercice de leurs plaisirs. Or, ce que je voudrais faire comprendre aujourd'hui à ceux qui nous font grief de notre qualité de chasseurs, c'est que la chasse proprement dite, la chasse rationnelle en un mot, s'accorde parfaitement avec la protection rationnelle des Oiseaux. En effet, le but que notre Ligue poursuit sans relâche, c'est d'arriver à la protection absolue des Oiseaux dont l'utilité comme Oiseaux utiles à l'agriculture, comme insectivores, comme Oiseaux chanteurs, comme hôtes de nos jardins et de nos parcs, l'emporte sur leur valeur comestible.

Pour les autres Oiseaux dont l'exploitation raisonnable est nécessaire aux besoins de l'homme, la Ligue ne saurait demander qu'ils soient l'objet d'une réserve aussi absolue. Il n'est pas nécessaire d'être chasseur pour comprendre que c'est une utopie que de prétendre qu'on ne devrait jamais tuer un seul Perdreau ni un seul Canard sauvage. Avant de protéger l'Oiseau, il faut d'abord songer aux hommes et l'intérêt de la conservation des récoltes exige que la mnltiplication de certains Oiseaux soit limitée dans une certaine mesure.

En pays civilisé, il n'en est pas comme il en était autrefois en pays sauvages. Les rapaces et les bêtes de proie chargés par la nature de faire l'équilibre entre la surproduction des espèces et les ressources de leur alimentation ont été détruits en assez grand nombre pour que leur rôle soit devenu tout à fait inopérant et insuffisant. La chasse, seule, pratiquée sans abus et sans tueries inutiles, la chasse considérée seulement comme une exploitation d'une richesse naturelle, devrait maintenir cet équilibre. Malheureusement, les abus ont déconsidéré ce sport qui, souvent, n'est plus maintenant qu'un prétexte à des destructions irraisonnées d'Oiseaux de toute sorte.

Mais si notre Ligue doit s'affranchir de considérations relevant plutôt de la sensiblerie que de la sentimentalité, elle doit aussi s'efforcer de préserver les Oiseaux-gibier d'une destruction inutile. C'est que la chasse ne s'adresse point qu'aux Oiseaux sédentaires susceptibles d'élevage et de repeuplement comme le Faisan et la Perdrix, Oiseaux qui, au point de vue de la conservation de l'espèce, sont suffisamment garantis par la protection que leur accordent et que leur imposent pour ainsi dire les prepriétaires de chasses gardées. La chasse a aussi pour objectif les Oiseaux migrateurs et les Oiseaux d'eau, tout à fait réfractaires à l'élevage et au repeuplement. Aussi, si notre ligue peut, à mon avis, laisser dans une très large mesure aux grandes sociétés contre la répression du braconnage le soin d'assurer la conservation des espèces d'Oiseaux considérés comme gibier sédentaire, elle doit, au contraire, tout en combattant les tueries inutiles et les cruautés impardonnables, combattre la chasse en ce qu'elle menace la conservation des espèces d'Oiseaux migrateurs dont la disparition serait irrémédiable. Le but de la Ligue, suivant mon opinion, c'est une protection des Oiseaux-gibier suffisante pour assurer leur conservation en nombre normal, non pas pour permettre aux chasseurs, comme on l'a prétendu, de réaliser de plus gros tableaux, mais uniquement pour sauvegarder une richesse naturelle et la maintenir dans de justes proportions de multiplication et de prospérité, puis son principal objectif, c'est de combattre absolument la chasse en ce qu'elle peut porter atteinte aux espèces d'Oiseaux que la nature semble n'avoir destinées qu'à notre agrément ou à notre utilité. Il est entendu que notre Ligue saura avant tout s'inspirer de considérations d'esthétique et de sentiment et que, sans se laisser entraîner à d'inutiles utopies ou à de stériles rêveries contraires aux lois naturelles elles-mêmes, elle devra chercher à prémunir les charmants êtres que sont tous les Oiseaux contre la cruauté et la barbarie, et même s'efforcer d'inspirer à tous l'amour de l'Oiseau et prêcher partout la nécessité d'enrayer sa destruction, mais il lui faudra se souvenir que ses efforts doivent être pratiques et que c'est perdre son temps que de poursuivre un but irréalisable en se cantonnant dans une intraitable intransigeance.

Une Société qui prétendrait arriver à faire interdire absolument la capture du gibier, pourrait être certaine de n'être jamais écoutée des législateurs qui n'admettent guère qu'on leur demande l'impossible. La Ligue s'efforcera donc, je le crois, de chercher à faire réprimer les abus et d'essayer d'obtenir une protection absolue pour les Oiseaux envers lesquels cette protection est nécessaire et possible. Je ne pense pas qu'il ait jamais été dans les intentions de ses fondateurs de prêcher la nécessité du végétarisme, ni d'assumer la responsabilité d'exposer les hommes à la disette pour laisser leurs champs et leurs récoltes à la libre disposition du gibier. En ce qui me concerne, j'estime en tout cas que, pour réussir, on doit rester pratique. Je préfère servir utilement la cause des Oiseaux en ne demandant aux pouvoirs publics que de les protéger d'une façon rationnelle, quitte à encourir les foudres de ceux qui n'admettent aucune concession, plutôt que de desservir la noble cause de la protection de nos hôtes ailés en demandant pour eux une protection trop absolue et par suite impossible à obtenir. Empêcher absolument de chasser les Oiseaux, je crois que c'est irréalisable; mais empêcher absolument la chasse de certaines espèces d'Oiseaux, c'est très possible, de même qu'il est possible d'empêcher les abus de la chasse des espèces destinées à être chassées. Et ce sont justement les chasseurs dignes de ce nom qui peuvent dénoncer ces abus et savoir exactement les besoins pratiques de la cause de la protection des Oiseaux.

(A suivre.)

POUR LA PROTECTION DES MACAREUX

DE PERROS-GUIREC

Dans le bulletin d'octobre dernier, nous faisions connaître l'heureux
résultat de nos démarches auprès de M. le Préfet des Côtes-du-Nord,
en vue de sauver d'une destruction menaçante les Macareux ou
Calculots qui viennent nicher sur les Sept-Iles, au large de Perros-Guirec.

Rappelons ici, en quelques mots, ce que sont les Macareux. Appartenant au groupe des Plongeurs, ils se caractérisent par leur énorme bec aux couleurs voyantes, bleu ardoisé vers la base, rouge vif à l'extrémité, traversé de bourrelets jaunâtres. Ils pondent un œuf unique qu'ils couvent dans une cavité creusée par eux (aux Sept-Iles, ils utilisent également les terriers abandonnés par les lapins).

Les Macareux arrivent en Bretagne au printemps et repartent au mois d'août, quand les jeunes sont assez forts pour accompagner les parents ; tous s'envolent alors vers la haute mer. On ne connaît pas bien cette partie de leur existence ; mais on sait, et c'est le

Fig. 3.
Macareux avant la mue du bec.
(réduction au 1/5ᵉ).

Dr Louis Bureau, directeur du muséum de Nantes qui a établi le
fait, qu'en automne le bec des Macareux adultes subit une mue
très spéciale et perd le revêtement de plaques cornées qui lui
donnait sa forme et sa coloration de printemps.

Les Macareux, curieux et inoffensifs Oiseaux, sont en voie de disparition sur nos côtes, et les Sept-Iles sont leur dernière station de
nidification en France. Le Macareux devient pour notre Faune un
de ces « Monuments naturels » dont il importait d'obtenir le classement. Il fallait, pour sauver les colonies des Sept-Iles, les soustraire
à la folie destructive de certains fusillards qui brûlaient des
centaines et des milliers de cartouches sur les malheureux Calculots,
sans autre but que d'accumuler des cadavres qu'ils laissaient
ensuite pourrir inutilisés.

M. Eug. Schmidt, Préfet des Côtes-du-Nord, fit le meilleur accueil à notre requête, et son arrêté sur la chasse renferme l'article suivant, dont la précision nous dispense de tout commentaire :

ART. 3. — *Sont interdits en tout temps, d'une façon absolue, la chasse, la destruction, le transport et la vente des MACAREUX ou CALCULOTS, sur le rivage de la mer, ainsi que dans les îles, et notamment dans l'île Rouzic, située en face de Perros-Guirec.*

Depuis, nous n'avons cessé de nous occuper des Macareux des Sept-Iles, et les dernières dispositions viennent d'être prises pour assurer leur sort ; notre Secrétaire adjoint, qui avait été délégué à Perros-Guirec, va nous les faire connaître :

Dans la nuit noire, le 28 mars dernier, le petit train de Lannion à Perros me dépose à la gare terminus, où je trouve le pilote Paranthoën qui doit me conduire aux iles et me servir de guide. Nous convenons immédiatement d'aller en mer dès le lendemain : il faut se hâter de profiter du beau temps, car lorsque la vague est un peu forte, la descente sur Rouzic, but de notre sortie, devient très difficile et même impossible.

Le jeudi, à 9 heures précises, nous larguons les amarres et doublons bientôt la grande jetée de Perros. Nous sommes six à bord du *P* 9 : un habile ouvrier abrégera notre séjour sur l'île, trois aimables compagnons nous aideront à trouver moins longue la traversée. Ils constituent un équipage de choix, et, au retour, l'un d'eux nous barrera de main de maître pendant tout le trajet. Le vent est favorable, nous cinglons directement vers Rouzic, et l'ancre est jetée une heure et demie après le départ de Perros. Un va-et-vient s'organise au moyen d'un petit canot amené à la remorque, chacun, saisissant le moment propice, saute sur les rochers avancés d'où, avec quelques précautions, on gagne l'île proprement dite.

On ne débarque pas aisément sur Rouzic, et le point où notre pilote nous a conduits est le seul où l'on puisse prendre terre. Juste en face de nous, environ à mi-hauteur de l'île, des crevasses dans le rocher semblent prêtes à recevoir les scellements de la grande plaque émaillée que nous allons fixer là pour qu'aucun abordant ne puisse ignorer l'arrêté préfectoral qui protège les calculots des îles.

En grosses lettres se détachent les mots : « *Propriété privée, chasse défendue* ». C'est que l'archipel des Sept-Iles qui comprend : l'île aux Moines, l'île Bono, l'île Plate, l'île Malban, l'île Rouzic, l'île aux Rats, l'île aux Cerfs, et dépend du domaine militaire, est affermé à un particulier. Un droit de passage permanent est réservé pour les services des douanes et des ponts et chaussées et pour les opérations de sauvetage sur chacune des îles affermées.

Les seuls agents de ces services peuvent y aborder ; toutefois, l'accès de la grève n'est pas interdit aux pêcheurs. C'est donc à la grande

obligeance du locataire des Sept-Iles que nous devons d'avoir pu y
organiser la protection des Macareux; nous ne saurions trop le
remercier de sa gracieuse autorisation.

Aussitôt la plaque posée, nous regagnons le bord où nous attendent déjà les autres voyageurs. De gros nuages courent au ciel, le
vent a fraîchi et le retour va s'en ressentir. Il nous faut tirer de

Fig. 4. — Photographie de la grande plaque émaillée,
mise en place sur l'île Rouzic.

longues bordées, le bateau pique dans la lame et à plusieurs reprises
nous sommes copieusement arrosés. J'attaque assez vaillamment
mes provisions de bouche, mais comme je n'ai pas de « violon », le
service est très défectueux. J'abandonne rapidement la partie, sans
trop de regrets du reste, et les œufs durs et le veau froid finiront le
trajet au fond du bateau, roulant, glissant d'un bord à l'autre pour
la grande joie de notre jeune passager. La mer est basse et nous
débarquons en canot à 16 heures, ayant mis 2 heures et demie
pour rentrer au port.

Pendant l'excursion, nous avons vu plusieurs Oiseaux : quelques
Cormorans posés sur les balises, des petites bandes de Bernaches,
gracieuses Oies au plumage sombre, des Guillemots, puis, sur
Rouzic, des Pipits qui doivent nicher là (probablement le Pipit
obscur), et enfin, après avoir quitté l'île, les premiers Macareux,
arrivés depuis peu (nous en comptons seulement cinq à six), et qui

ne prendront terre qu'à la fin du mois au plus tôt, quand la ponte sera proche.

La commune de Perros s'étendant sur un très large front de mer, nous désirions poser des petites plaques reproduisant le texte de la grande dans les quatre centres principaux : Perros-rade et les plages de Trestraou, Trestignel et Ploumanach qui sont en été fréquentées par de nombreux baigneurs. M. Le Jannou, maire de Perros, fit à notre demande la meilleure des réponses et, bien avant mon départ de Paris, tout était convenu pour cette nouvelle installation. Une voiture nous prit devant l'hôtel le vendredi matin, et notre pilote organisa si bien la tournée que nous étions de retour avant midi après avoir mis en place les quatre plaques.

L'une, à Trestraou, est scellée sur l'Hôtel de la Plage, où le propriétaire, M. Le Bihan, adjoint au maire de Perros, a bien voulu mettre à notre disposition un emplacement très en vue. M. Le Bihan que je remerciais de son concours, m'a confirmé les massacres de Macareux. Il a vu rapporter dans le jardin de son hôtel des paniers pleins de ces malheureux Oiseaux qu'on abandonnait là et qu'on devait, enfin, mettre en terre pour faire disparaître l'odeur infecte que répandaient leurs cadavres.

La deuxième plaque, fixée sur un poteau, est placée en terrain communal, au-dessus de Trestrignel, au croisement de la route de Perros et de la voie qui conduit à la plage. A Ploumanach, Mme veuve Geoffroy nous a très aimablement permis de fixer notre plaque sur sa maison où elle attirera l'attention de tous les promeneurs. Enfin, à Perros-rade, c'est le poste même des douaniers qui porte maintenant la décision préfectorale, protectrice des Macareux. Ce fait résume, en quelque sorte, le chaleureux accueil que toutes les autorités de Perros ont fait à l'intervention de notre Ligue. Tous déplorent et condamnent les tueries inutiles, et les pêcheurs demandent aux chasseurs d'épargner les Oiseaux de mer qui sont pour eux de précieux indicateurs et des guides sûrs dans la bonne réussite de leur pêche quotidienne.

Je remerciais tout à l'heure M. Le Jannou, maire de Perros, et M. Le Bihan, son adjoint; je ne puis oublier Mlle Marie Lissillourd, MM. Guyomard et Toiser, directeurs d'école à Perros et Ploumanach, qui ont pris grand intérêt à notre action dans les écoles et au Concours d'observation d'histoire naturelle, de la Société d'Acclimatation. En quittant Perros, j'ai emporté le plus excellent souvenir de mon séjour et une grande confiance dans l'avenir de la colonie des Macareux. Nous voulons espérer que les chasseurs, ou soi-disant tels, sauront comprendre l'idée de préservation qui nous fait agir, et s'arrêteront après tant de victimes. Nos protégés ne sont, du reste, pas laissés à eux-mêmes; il y a là-bas des yeux qui verront pour nous et des sanctions prêtes à confondre ceux qui voudraient ignorer et continuer, malgré tout, ce jeu de massacre qui répugne au vrai chasseur.

En dehors de Perros, nos Macareux ont trouvé des amis et des défenseurs. A Saint-Brieuc, le nouveau préfet des Côtes-du-Nord, M. Cornu, nous a assuré sa volonté de continuer l'œuvre de son prédécesseur. Les Ligueurs n'ont oublié ni l'approbation et les encouragements du Dr Louis Bureau, ni la si frappante lettre du lieutenant Hemery, de Guingamp. D'autre part, tandis que, depuis quelques mois, nous étions en instance à la préfecture de Saint-Brieuc, M. André Philippon, dans la *Chasse illustrée*, de juin dernier, écrivait sous le titre : « Destruction stupide », un chaleureux appel en faveur des Macareux, appel qui nous est parvenu bien tardivement et qu'il terminait en demandant à notre Ligue d'agir pour protéger les Oiseaux des Sept-Iles. Nous n'étions pas les seuls, on le voit, à penser aux pauvres Calculots, nous n'avions pas été les premiers non plus, car M. Charles Le Goffic, l'écrivain bien connu, avait depuis longtemps pris leur défense. Dans le *Breton de Paris*, du 6 avril dernier, il revient encore sur ce sujet pour adresser de forts aimables félicitations à la Ligue. Il nous rappelle en même temps que c'est non seulement sur Rouzic, mais sur Malban aussi, une autre des Sept-Iles, toute voisine de Rouzic, que les Calculots (1) nichent en nombre. M. Le Goffic demande, avec raison, qu'une plaque soit placée sur Malban; c'est une installation que nous n'avons pu prévoir cette année. L'arrêté préfectoral, très explicite, protège les Macareux sur *toutes les îles* ; mais s'il était nécessaire, nous irions à Malban, certains que les appuis et les facilités ne nous manqueraient pas pour mettre à l'abri tous les Macareux de Perros et assurer, avec tous ceux qui nous ont aidés jusqu'ici, l'établissement définitif de la première « Réserve ornithologique » française.   A. C.

---

(1) M. Le Goffic incrimine le *t* dont j'ai gratifié les Calculots : l'orthographe régulière est Calculo. Malheureusement, dans la première lettre adressée à Saint-Brieuc, Calculot était écrit avec un *t*; ce *t* a suivi sur l'arrêté préfectoral et me voici maintenant forcé, malgré moi, d'employer cette désinence devenue officielle.

EXTRAITS

DES

PROCÈS-VERBAUX DES SÉANCES DE LA LIGUE

SÉANCE DU 21 FÉVRIER 1913

Présidence de **M. Magaud d'Aubusson**, président.

Le procès-verbal de la dernière séance est lu et adopté.

A propos du procédé dont il y est parlé pour empêcher les Chats de s'approcher des nids, M. Mailles fait observer avec raison que cela ne saurait arrêter leurs ravages. A supposer que ce Carnassier respectât ainsi les petits encore au nid, cela ne mettrait pas un terme à ses méfaits, pour la bonne raison que, lorsque les jeunes Oiseaux sortiront du nid, il deviendront sa proie, comme cela arrive ordinairement.

M. le Président adresse ses félicitations à M. Le Fort, nommé officier du Mérite agricole, et à M. Baudouy, chevalier du même ordre.

Depuis la dernière séance, deux nouveaux délégués ont été nommés : M. Beauregard, pour le Rhône, et M. Bellette, pour le Nord.

Il nous est impossible — comme, hélas ! après chaque séance — de parler de l'énorme correspondance et des articles de journaux, que, tous les mois, M. Chappellier est obligé de dépouiller. Ce n'est pas le cadre modeste d'un Bulletin qu'il nous faudrait, mais un gros volume. Nous recevons même des vers, fort jolis, mais pour lesquels il nous faut présenter des excuses aux auteurs ; le Bulletin de la Ligue, déjà beaucoup trop exigu, ne peut les accueillir.

Parmi les lettres reçues, il en est une qu'il nous est impossible de ne pas mentionner :

M. Daniel Bascle nous dit qu'il a pu faire consacrer par le tribunal de Bordeaux le principe qui lui tient au cœur, savoir que des instructions administratives ne peuvent prévaloir contre une loi. Ce qui nous semble vraiment monstrueux, c'est qu'on en soit arrivé à être obligé de démontrer un principe de droit aussi élémentaire. Toujours est-il que M. Bascle, maire de sa commune, avait fait dresser un procès-verbal à un individu, qui avait posé des lacets ; il y avait eu du tirage par suite d'interventions administratives, et, bien que la prescription fût près d'être acquise, l'affaire semblait enterrée. Le maire écrivit au procureur de la République, pour lui demander des nouvelles du procès-verbal. Il avait été classé, le délit de chasse n'ayant pas été suffisamment caractérisé. Or, il s'agissait d'un fait patent, indéniable, les engins prohibés étant restés plusieurs jours sur le sol, et il ne pouvait y avoir le moindre doute. M. Bascle protesta énergiquement et en appela au procureur général près la cour de Bordeaux. L'instance fut reprise et le délinquant enfin condamné à 50 francs d'amende. On lui a accordé, il est vrai, le bénéfice de la loi de sursis ; mais, peu importe, le principe est confirmé : les préfets ne peuvent donner des autorisations contraires à la loi. Du reste, on ne pouvait réellement, pour la loi de sursis, agir autrement, car des assurances avaient été données au syndicat des chasseurs qu'il ne serait pas dressé de procès-verbaux, et le coupable s'était basé sur ces promesses.

Voilà où on en arrive avec de la persévérance ; si on avait partout l'énergie du maire de Macau, nous n'en serions pas où nous sommes.

M. A. Chappellier a essayé de dresser une statistique de la garniture des chapeaux de dames et, dans des promenades à travers la ville, il a pu noter 4.589 chapeaux : 1.871 étaient garnis de ruban, 215 de fourrure, 249 de fleurs et 2.254 de plumes, c'est-à-dire que les plumes se trouvent pour près de moitié ; le reste étant en rubans, fleurs et fourrures, et, dans cette seconde catégorie, le ruban représente 40 p. 100, ce qui fait les quatre cinquièmes.

En général, les chapeaux avec rubans sont des chapeaux de deuil ou des chapeaux de fillettes. Sur 1.579 rubans, il a été observé 283 deuils et 275 coiffures de fillettes, ce qui, pour les rubans, fait 31,53 p. 100, ou près d'un tiers.

La fourrure donne des tours de chapeaux et des plumets parfois assez difficiles à distinguer de la plume, sauf de très près.

Arrivons maintenant aux 2.254 coiffures garnies de plumes.

Tout d'abord 958, c'est-à-dire environ 40 p. 100, proviennent d'Oiseaux d'élevage et 1.296, ou près de 60 p. 100, d'Oiseaux sauvages.

Sur les Oiseaux d'élevage, il y a bien quelques Faisans des bois, qui ont donné les grandes plumes de leur queue, quelques Pintades et Paons, mais ce qui domine, c'est l'Autruche, car, sur 958 plumes, il y en a 847 de cet animal, soit plus de 88 p. 100.

Pour les plumes d'Oiseaux sauvages, il a été remarqué 171 Aigrettes, en chiffres ronds 13 p. 100, presque exclusivement de grande Aigrette, très peu de Crosses. Le reste est constitué par des Oiseaux sauvages, en partie très reconnaissables ; il en a été relevé 315 douteux, c'est-à-dire près d'un quart ; dans cette dernière catégorie, beaucoup pourraient bien être des Oiseaux de basse-cour : petites ailes de Pigeons, teintes ou blanches, plumes diversement colorées, faux Marabout, fausse Crosse.

Les Oiseaux entiers sont très peu nombreux : Merles bronzés et surtout Mouettes ; un seul appartenait au pays, une pauvre Effraye. En résumé, sur 500 Oiseaux sauvages, y compris les douteux, il n'y avait que 39 Oiseaux entiers, c'est-à-dire environ 8 p. 100.

La séance se termine par une forte intéressante communication de Mme Cecilia Picchi, sur la protection des Oiseaux en Italie. Elle sera imprimée au *Bulletin de la Ligue*.

Le Secrétaire,
COMTE D'ORFEUILLE.

POUR LA PROPAGANDE

Le discours de M. F. Hugues. — Le principal envoi des brochures est maintenant terminé. Nous avons reçu de M. Hugues 4.000 exemplaires de son discours : nous devions en envoyer une partie et réserver l'autre pour la vente ; voici une récapitulation de ce qui a été fait jusqu'ici.

Envoyé à des Syndicats agricoles et viticoles dans 15 départements (L'Union du Sud-Est des Syndicats agricoles représente à elle

seule 478 syndicats répartis dans 13 départements. . . . 1.024
Envoyé à des instituteurs et fonctionnaires de l'enseigne-
ment. . . . .
Envoyé à des journaux 1.227
Distribué à des expositions 97
Acheté par des membres de la Ligue 46
                                                       366

                                        Total. . . 2.760

Il reste environ 1.240 exemplaires.

Les Ligueurs qui voudraient faire de la propagande autour d'eux pourront se procurer des brochures au Secrétariat, franco, aux prix suivants :

    5 exemplaires . . . . 0 fr. 55
    10   —   . . . . 1 fr. 00
    50   —   . . . . 4 fr. 45
    100   —   . . . . 7 fr. 85

Don de M. Burdet. — Nous avons reçu de M. Burdet 25 nouvelles vues stéréoscopiques qui, jointes à celles précédemment données par lui, sont maintenant visibles dans deux stéréoscopes à chaîne installés dans le bureau de la Ligue.

Ont acheté des séries de vues stéréoscopiques : MM. Bachelier, 1, — Clément-Grandcour, 2, — Lhomme 2, — Van Kempen, 2.

Ont acheté des pochettes de cartes postales :

Mmes H. Daviau, 1, — de Gourcuff, 2, — Cecilia Picchi, 1.

MM. Bachelier, 1, — Carron de la Carrière, 1, — Clément-Grand-cour, 1, — Devy, 1, — Glandaz, 5, — H. Kehrig, 1, — Lhomme, 1, — Mailles, 1, — Pichot, 1, — Savigny, 1, — Schmieder, 2, — Trouessart, 1, — Van Kempen, 1.

Les *achats de livres* seront indiqués dans le prochain bulletin.

Séances de la Ligue. — La séance de mai aura lieu le vendredi 23, à quinze heures. Ordre du jour : M. A. Barret. — La défense du Moineau.

Cette séance est la dernière de l'été ; les séances reprendront le 21 novembre. L'agence de la Société d'acclimatation reste ouverte, et le Secrétaire de la Ligue se tient à la disposition de nos collègues, comme précédemment, les jeudis, de 14 à 17 heures, 33, rue de Buffon jusqu'au 1er juillet.

Le Gérant : A. MARETHEUX.

Paris. — L. MARETHEUX, imprimeur, 1, rue Cassette.

BULLETIN DE LA LIGUE FRANÇAISE

POUR LA

PROTECTION DES OISEAUX

FONDÉE PAR LA

SOCIÉTÉ NATIONALE D'ACCLIMATATION DE FRANCE

OBSERVATIONS PRATIQUES

SUR LA

PROTECTION DES « OISEAUX-GIBIER »

Par CHARLES VALOIS (1).

Comment défendre notre gibier de plume contre ses innombrables ennemis? Comment lutter contre les abus invétérés et les fatales innovations qui le font progressivement disparaître de la plupart de nos départements, ou qui, dans les régions les moins mal partagées, entravent, au détriment de tout le monde, sa multiplication (2)? Sans prétendre traiter en entier aujourd'hui un sujet complexe, auquel se consacrent quotidiennement tant de revues agricoles, ornithologiques et sportives, je viens simplement indiquer quelques moyens de remédier à cette situation, que les braconniers eux-mêmes reconnaissent de plus en plus affligeante.

(1) Communication faite dans la séance du 20 décembre 1912; voir le Procès-verbal, *Bulletin* de février 1912 p. 10.

Voir aussi l'article de M. L. Ternier, dans le numéro précédent.

(2) Profitable multiplication : car il n'y a pas lieu d'envisager ici le cas où le groupement artificiel de plusieurs milliers de Faisans sur un étroit espace compromet la récolte des céréales. Vu la tendance des oiseaux à s'écarter, l'élevage le plus intensif n'occasionne qu'exceptionnellement cette dangereuse agglomération.

Tout d'abord, pour tenir ceux-ci à distance, il ne faut pas nous contenter des mesures de surveillance : même avec l'indispensable concours des brigades de police mobile, ni gardes champêtres, ni gardes particuliers ne suffiront — sauf dans les domaines dont le propriétaire entretient à grands frais un nombreux personnel — à faire respecter la loi. Le gibier tentera les délinquants tant qu'il restera pour eux une proie facile. Aussi doit-on s'appliquer à rendre l'industrie des chasseurs nocturnes difficile et infructueuse. De même qu'afin d'empêcher les fureteurs de « bourser » des Lapins, vous pratiquez d'avance, par un temps propice, le « furetage à blanc », je recommande pour la préservation de la plume un ensemble de procédés que l'on pourrait appeler, si l'on voulait, le braconnage à blanc, et dont j'ai plus d'une fois expérimenté en Sologne l'efficacité.

C'est ainsi que dans les pays où sévit la sinistre « lanterne », tout garde prévoyant doit, un peu avant l'ouverture de la chasse, promener lui-même à travers champs cette flamme d'acétylène qui fascine les Perdrix. Mais, quand il apercevra une compagnie, au lieu de la mitrailler à coups de fusil ou de la coiffer du filet nommé « bannière », il tournera lentement la lanterne, de manière à éclairer son propre visage : les oiseaux s'envolent immédiatement avec frayeur. Et si, pendant les nuits suivantes, des promeneurs moins désintéressés se mettent en campagne, nos perdreaux, devenus défiants, ne « tiennent » plus. Point n'est besoin, au reste, de choisir, pour ces tournées de contre-braconnage, les soirées noires et humides par lesquelles opèrent de préférence les professionnels : même par un temps médiocrement sombre, la leçon instruit le gibier.

Chacun sait que l'on prévient l'usage des filets traînants, en piquant de place en place des branches d'épine. Je n'insisterai pas sur ce vieil et toujours utile expédient. Mais je regrette qu'aucune arme ne puisse anéantir les filets verticaux, si meurtriers dans les vignobles et dans les plaines coupées de boqueteaux.

En revanche, contre l'emploi des chanterelles, une simple mesure législative s'impose : l'interdiction de détenir des Perdrix captives (1). Comme celles-ci « rappellent » fréquem-

____

(1) Exception faite seulement pour les éleveurs qui justifieront de la provenance et de la destination de leurs prisonnières.

ment, le fraudeur, hors d'état de les dissimuler chez lui dans l'intervalle de ses heures d'affût, perdrait tout espoir d'échapper au procès qu'il mérite.

Contre la chasse du Faisan « au brancher », je recours à une précaution qui me dispense de faire veiller continuellement mon personnel. Quand on entend, vers le coucher du soleil, beaucoup de coqs se percher bruyamment les uns près des autres, un garde se rend sous les arbres où viennent de monter les oiseaux : ceux-ci, encore éveillés, s'envolent et se dispersent dans un rayon de plusieurs centaines de pas. Si, quelques heures plus tard, un authentique malfaiteur arrive à son tour sous cette petite sapinière où ont retenti les imprudents appels des faisans, il demeure invariablement bredouille, et sa mésaventure l'incite parfois à chercher un moins coupable emploi de son activité.

Mais le nombre croissant des porteurs de permis contribue plus encore à la diminution de notre faune ailée que l'audace des irréguliers, et — comme on dit vulgairement — c'est parce que tous veulent tout que personne n'a rien. Faut-il, par la « communalisation » obligatoire des chasses, s'efforcer de restreindre l'effectif de ces armées de fusiliers? Ce serait refuser au peuple une distraction plus hygiénique et plus morale que maint autre passe-temps. D'ailleurs, le vide n'est pas encore tout à fait assez complet dans la plupart de nos bois et de nos plaines pour que le Parlement se risque à voter une loi qui indisposerait tant d'électeurs! Un moyen terme, qui ne priverait personne du plaisir d'arpenter les guérets, serait la création d'une série de *réserves*, dont l'étendue égalerait approximativement le quart ou le cinquième du territoire de chaque canton, et dans lesquelles les municipalités loueraient le droit de chasse à un très petit nombre d'adjudicataires. Chimère, dira-t-on, que cette réforme qui suppose une entente préalable entre tous les propriétaires de la terre! Non : car chacun d'eux trouvera son profit à cet accord, et un bail prudemment rédigé peut concilier l'intérêt général des habitants avec celui des susdits locataires.

J'exposerai dans une prochaine notice quels avantages offrent ces réserves, et comment la présence d'un garde particulier dans chaque commune permettrait de faire recueillir *gratuitement*, donc *sans fraude*, une bonne part des œufs de

Perdrix découverts par les faucheurs. Si l'on songe que les nids détruits représentent souvent la moitié de la ponte annuelle, et que beaucoup de ces œufs, ayant été trouvés chauds ou même non couvés, ne périssent que faute d'un éleveur qui sache les utiliser, on conviendra qu'il y a quelque chose à tenter dans ce sens. D'ailleurs, ici encore, nous ne raisonnerons pas sur une simple hypothèse. Je connais un canton de Beauce où s'est fortuitement constitué un massif de plusieurs centaines d'hectares dont l'accès n'est permis que sous certaines conditions à dix personnes : l'influence bienfaisante de cette réserve, où l'on « élève », s'exerce au dehors dans un rayon de trois ou quatre kilomètres et se traduit par une relative abondance de perdreaux dans cinq communes, dont le sol est cependant foulé par des légions de petits chasseurs.

Il existe toutefois d'autres causes de ruine que le braconnage, la chasse et les faucheurs, puisque, sauvages ou domestiques, les animaux prédateurs commettent, dans certains pays, plus de meurtres que toute la population humaine.

J'estime que, sans se borner à combattre les espèces universellement reconnues comme nuisibles, telles que la Fouine ou l'Épervier, il faut réduire à leur plus simple expression, ou du moins surveiller de près diverses espèces mixtes, qui, en regard de leurs méfaits, rendent quelques services pour la destruction des Rongeurs ou des Serpents, mais qu'on peut remplacer par de meilleurs auxiliaires. Ne comptons pas trop sur les serres des Rapaces nocturnes pour nous venger des Campagnols, ni sur la voracité du Hérisson pour nous délivrer de la crainte des Vipères : le remède est souvent pire que le mal, car Chats-Huants, Hérissons et autres carnivores n'épargnent pas les Oiseaux qui nichent à leur portée; et la science nous offre, pour préserver nos blés de la dent des Mulots, des armes infiniment plus sûres, telles que le virus Danysz ou le sulfure de carbone, qui — bien maniés — coûtent peu et produisent un effet définitif (1).

Je reste cependant d'accord avec la plupart de mes collègues sur l'opportunité de ne pas exterminer radicalement les Oiseaux

---

(1) Sur ces procédés, que l'on emploie parfois si maladroitement, voy. le *Bulletin de la Société des Agriculteurs de France*, 15 décembre 1912. Proscrivons toutefois, pour de multiples raisons, l'arsenic et la strychnine.

dits « mixtes », ni même certains Rapaces nettement nuisibles, mais si rares et si peu prolifiques que leurs déprédations ne feront jamais grand tort aux Oiseaux utiles. J'insiste seulement pour que l'on n'étende pas le bénéfice de cette indulgence jusqu'à des forbans tels que la Buse, la Pie, le Choucas, ou le grand Corbeau, à qui des âmes trop sensibles témoignent une pitié, ce me semble, imméritée.

Quant aux ravages causés par la divagation des Chiens et des Chats, on n'y mettra un terme que si l'on obtient du Parlement une loi plus précise que les règlements actuellement en vigueur sur cette délicate matière (en vigueur? non, en désuétude, car ils sont inapplicables). De fait, avec de la fermeté, du tact et de la modération, les grands propriétaires lésés par les incursions des animaux domestiques du voisinage peuvent, sans trop s'exposer à des poursuites ou à des représailles, assimiler ceux-ci aux autres bêtes malfaisantes et exercer eux-mêmes la répression. Car, autant l'exécution impitoyable du chien échappé exceptionnellement à votre voisin constituerait un tort, autant, au contraire, en cas de récidive, négligence, mauvaise intention du maître des animaux maraudeurs, un geste violent devient acte de légitime défense. Encore faut-il avouer que, jusqu'au vote de la loi qui va être proposée aux Chambres à ce sujet, la lutte contre le braconnage canin et félin reste pratiquement impossible pour les propriétaires qui voudraient s'en tenir strictement à la lettre du Code. Et sur les terres banales, confiées à la dérisoire surveillance du garde champêtre, c'est une anarchie et une incurie dont les petits chasseurs ainsi que les consommateurs de gibier pâtissent, sans que personne en profite.

Enfin, comme si nos Oiseaux ne se trouvaient pas déjà aux prises avec trop d'ennemis, une société d'honorables industriels les menace d'un danger nouveau. Pour augmenter le débouché de leurs produits, les fabricants d'appareils frigorifiques voudraient faire autoriser, même pendant la fermeture de la chasse, la vente du gibier frigorifié.

On devine les abus auxquels ouvrirait la porte cette permission, en dépit du contrôle inquisitorial que ces Messieurs prétendent faire exercer sur les vendeurs et colporteurs : les conséquences les plus claires d'un tel commerce seraient, d'abord, de favoriser l'importation du gibier étranger, et, de plus, d'accélérer la destruction du nôtre, en donnant aux restaurateurs le moyen d'acheter et de servir en toute saison, sans l'ombre de scandale, des perdrix ou faisanes prises sur leur nid, et tous les autres fruits des larcins commis dans le voisinage.

Vendant le produit de mes chasses de septembre et d'octobre, j'ai souvent regretté que la chaleur me forçât de m'en défaire à bas prix, et je conviens que l'existence d'un frigorifique dans le bourg voisin m'eût permis de conserver mon butin pour en tirer plus tard un moins insignifiant profit. Je prétends donc connaître les deux faces de la question, et cependant je n'hésite pas à déclarer l'innovation proposée désastreuse, à presque tous les points de vue, sauf à celui des fabricants en cause, à celui des grands *Wildbrethändler* d'outre-Rhin et à celui des consommateurs riches. Ceux-ci, grâce aux arrivages d'Allemagne ou d'Autriche et aux fraudes commises en France, satisferaient même en temps de clôture leur goût pour les succulents salmis. Mais leurs prouesses gastronomiques m'intéressent médiocrement...

* *

En résumé, outre les précautions matérielles qui incombent aux gardes, de nouvelles interdictions légales deviennent nécessaires. Elles commenceront fatalement par contrarier quelques personnes, et certaines de ces mesures heurteront même des routines ou des préjugés enracinés dans les masses de la nation. Nous ne devons pourtant pas désespérer de voir une loi protectrice rallier un jour les suffrages de nos parlementaires et, qui plus est, avec l'aide toute-puissante que nous espérons des journaux, devenir populaire; car elle ne lésera aucun intérêt particulier vraiment sérieux et sauvegardera des intérêts généraux trop sacrifiés jusqu'à cette heure.

Les cultivateurs ne sont jamais les derniers à bénéficier de la présence du gibier de plume, et ceux qui ne le chassent pas personnellement peuvent l'exploiter à leur manière en aliénant leur droit de chasse. Gardons-les donc de leur fâcheuse tendance à tuer la poule aux œufs d'or : en nous refusant à voir tarir définitivement la source d'une de nos plus précieuses richesses nationales, nous préviendrons des abus dont les coupables sont les premières victimes, et nous rendrons à ces imprévoyants un service dont ils reconnaîtront — ou, tout au moins, dont ils encaisseront — bientôt le prix (1).

NOTE SUR LE ROSSIGNOL DE MURAILLES

Par R. BABIN.

Certaines personnes se figurent qu'il est très difficile d'obtenir dans des nichoirs artificiels la reproduction des insectivores qui nous visitent en été. Elles s'imaginent qu'il faut pouvoir disposer d'un espace considérable, d'un très grand jardin, d'un parc même et se munir de nids construits dans toutes les règles de l'art, pour arriver à quelque résultat et voir ses efforts couronnés de succès. Je voudrais dire ici quelques mots d'une expérience que j'ai tentée dans un jardin de dimensions très restreintes et attenant à une maison. Sans doute, elle n'est pas très concluante; elle montre cependant que l'on peut, même dans une faible mesure, protéger la reproduction des Oiseaux utiles qui nous environnent, et cela à peu de frais. Si beaucoup de personnes en faisaient autant, point ne serait besoin d'instituer des réserves ornithologiques destinées à sauvegarder d'une disparition trop rapide les meilleurs auxiliaires de l'agriculteur; les Oiseaux, trouvant des abris sûrs et discrets pour leurs nids, continueraient à égayer de leur chant nos bosquets et nos vergers.

Au commencement du printemps 1906, j'eus l'idée, pour essayer de favoriser dans mon jardin la reproduction des Oiseaux, de placer contre un mur, à quelques mètres de la maison, un pot à fleur, dont j'avais préalablement enlevé la moitié du fond. Ce nid artificiel, qu'un simple collier de fil de fer attaché à un clou retenait en place, se trouvait exactement à 2 mètres au-dessus du sol, et son orientation était au sud-sud-est. J'avoue que, pour le choix de l'emplacement et de l'exposition, je m'étais laissé guider par le hasard; mais j'ai vu depuis que c'est cette orientation qui est recommandée comme donnant les meilleurs résultats pour les nids artificiels (2). Et de

(1) Me limitant aujourd'hui aux Oiseaux sédentaires, c'est à dessein que je n'aborde pas la question des migrateurs, dont la destruction soulève entre la France et diverses nations de si embarrassants conflits.

(2) *Bull. de la Ligue française pour la protection des Oiseaux*, 1912, p. 88, note.

fait, j'ai pu, tous les ans depuis 1906, c'est-à-dire pendant sept années, constater que mon nid a été occupé par un couple de Rossignols de murailles. [*Ruticilla phœnicura* (Bp.)].

Le pot à fleur était-il placé trop près de terre, ou son orifice laissait-il entrer trop de lumière, toujours est-il que jamais aucun Moineau n'y a élu domicile ni n'a tenté de déloger mes Rubiettes. Des Moineaux friquets [*Passer montanus* (Briss.)] ont niché à 2 mètres de là sous les tuiles formant le chaperon du mur; mais ils n'ont pas inquiété les Rossignols de murailles, dont la nidification a pu se faire en même temps que la leur.

Fig. 1. — Pot à fleur où des Rossignols de murailles nichent, tous les ans, depuis 1906.

Le nid a toujours été construit assez rapidement. Sa forme n'a pas varié, elle a été celle de l'intérieur du pot à fleur. Il se compose d'une coupe bien arrondie et peu profonde, qui n'est séparée du mur, sur lequel s'appuie le nichoir, que par une mince cloison d'herbes et de crins. La paroi, orientée vers l'entrée du pot, est considérablement plus épaisse que les autres, parce qu'elle doit remplir tout l'espace qui reste libre dans le nichoir, de manière à ce que la coupe ne se trouve pas contre l'orifice, mais au contraire au fond de la cavité, en même temps qu'elle constitue une petite plate-forme au niveau du trou de vol et facilite l'accès aux Oiseaux.

Le nid est composé de paille, de ficelle, de brindilles et de radicelles de toutes sortes, les matériaux les plus fins étant employés pour l'intérieur. Quelques crins, et parfois quelques plumes en constituent le matelassement. Comme dans tous les nids des Oiseaux qui nichent à proximité des habitations, on peut y rencontrer quelquefois de menus fragments rejetés de la maison, tels que ficelle, papier, bouts de laine, petits morceaux d'étoffe, voire allumettes.

Voici, d'après mes carnets de notes, quelques dates auxquelles j'ai pu faire des observations sur le nid en question :

1906, 2 juin. — Le nid contient 1 œuf ;

1906, 5 juin. — Le nid contient 4 œufs.

Fig. 2. — Après le départ des petits, le nid est sorti pour en montrer la construction.

1908, 5 juin. — Le nid contient la coquille brisée d'un œuf. A quelques mètres de là, je trouve d'autres fragments d'œufs de la même espèce ; les petits ont vraisemblablement quitté le nid, dont la construction n'était pas commencée le 2 mai.

1910, 15 mai. — Le nid contient 6 œufs ; la femelle couve très assidûment.

1912, 28 mai. — Le nid contient 7 œufs récemment pondus ; la femelle couve.

A l'heure où j'écris ces lignes, une femelle accompagnée de deux jeunes qui mangent déjà seuls, visite les buissons de mon jardin et explore, tout spécialement, un massif de groseillers encore garnis de leurs fruits.

Tous les ans, à la fin de l'été, je débarrasse mon pot à fleur du nid déserté après le départ des jeunes, de manière à laisser la place libre pour les nouveaux occupants de l'année suivante.

La gravure ci-contre montre le nid tel qu'il est construit par mes aimables locataires; le premier cliché représente le pot à fleur en place et en indique la situation (1).

Voilà, rapidement retracés, les quelques résultats, très encourageants d'ailleurs, que m'a donné cet essai très imparfait et très hasardeux que j'ai tenté pour faciliter la nidification des oiseaux. Comme on le voit, il est aisé à faire, et si quelques membres de la Ligue voulaient le renouveler, je crois qu'ils seraient récompensés de leurs efforts et qu'ils auraient le plaisir d'assister à l'éducation d'une jeune famille du joli Rossignol de murailles.

Nemours, août 1912.

P.-S. — Les Rossignols de murailles sont revenus une fois de plus à leur pot à fleur qui abritait, le 11 mai 1913, un nid contenant 5 œufs. L'incubation n'était pas encore commencée, les Oiseaux volaient une grande partie de la journée aux alentours du nid à la recherche de leur nourriture.

DESTRUCTION DE NUIT

Par **M. VIERGE**,

Directeur du journal *Le Bourbonnais*.

Dans le Lot-et-Garonne, les paysans — jeunes gens et hommes faits — pratiquent une chasse de nuit aux petits Oiseaux extrêmement meurtrière.

Au bon vieux temps, — je parle d'une vingtaine d'années, — cette chasse, tout en étant très destructrice, causait beaucoup moins de ravages qu'aujourd'hui. Les nuits les plus favorables pour s'y livrer étaient les nuits d'hiver sans lune. S'il soufflait un vent chaud de l'Ouest, ou s'il était tombé une légère neige, c'était merveille. Les Oiseaux dormaient profondément. Le braconnier s'avançait doucement, à la main gauche un falot qu'alimentait de l'huile de noix ou de lin ou même du vulgaire pétrole, dans la main droite, une sorte de longue latte terminée en palette. Il cherchait l'Oiseau sous

---

(1) Je ferai remarquer en passant que l'emplacement du pot à fleur le met à l'abri des visites des Chats.

la feuillée toute jaunie, mais non encore tombée. Dès qu'il l'avait découvert, pan ! un coup de latte et l'oiseau étourdi, mort, culbutait dans l'herbe. Cette chasse était très fructueuse. Les Oiseaux qui en étaient plus particulièrement les victimes étaient les Verdiers, Pinsons et Sansonnets. Parfois, on avait la bonne aubaine de quelques Merles, voire de Grives de passage qui perchaient bas.

Depuis que l'usage des lanternes à acétylène s'est généralisé, on a perfectionné cette chasse. D'abord, on peut la faire en tout temps, même par les nuits de lune, même par les nuits chaudes. La lueur de l'acétylène éblouit l'Oiseau qui, même éveillé, ne s'envole pas. On le tue à coup sûr. Perche-t-il trop haut, comme cela arrive quand il ne fait pas de vent et que l'air est tiède, le chasseur qui s'est muni de son fusil tire la pauvre bestiole. Les Grives, les Tourterelles, les Colombes qui échappaient généralement jadis aux chasseurs de nuit, tombent foudroyées. Quant aux petits Oiseaux, on en fait un vrai massacre. Tous les soirs, de la Toussaint à fin février, les gars et même les hommes d'âge mur, courent les bois qu'ils achèvent de dépeupler.

C'est à ce point que, dans certaines contrées du Lot-et-Garonne où cette chasse à l'acétylène se pratique d'une façon intensive, il n'y a presque plus de petits Oiseaux. Au lieu de ces beaux et épais vols de Pinsons qu'on faisait lever jadis dans tous les champs, on ne voit plus que quelques rares sujets isolés. Conséquence : les arbres fruitiers sont dévorés par les Chenilles. Les pruniers qui donnent ce beau fruit, gloire et triomphe de l'Agenais, sont à grand'peine défendus, et par des moyens coûteux, contre l'invasion annuelle des Chenilles. Pour peu que cette destruction méthodique continue, il n'y aura plus de nids dans les bois, de chants dans les buissons, et de fruits au verger ou dans les prunelaies.

EXTRAITS

DES

PROCÈS-VERBAUX DES SÉANCES DE LA LIGUE

SÉANCE DU 7 MARS 1913

Présidence de **M. Magaud d'Aubusson**, Président.

Le procès-verbal de la séance précédente est lu et adopté.

M. A. Chappellier, à propos de l'enquête à laquelle il s'est livré au sujet de l'emploi de la plume dans la mode parisienne, dit avoir vu une imitation d'aigrette en crin, montée de façon à reproduire la disposition des barbes de la plume de l'Oiseau.

M. le Secrétaire adjoint annonce la mort, à Angers, d'un membre de la Ligue, M. Constant L'Hermite.

M. A. Loyer, père de notre secrétaire général, nous a fait hommage d'un cadre pour les expositions.

Comme à chacune de nos séances, la correspondance à dépouiller est fort considérable, citons d'abord d'excellentes lettres émanées de membres du Parlement et qui sont des réponses à celles que notre zélé collègue, M. Marchand, avait adressées à tous les députés. Nommons parmi ceux qui sont les défenseurs des idées de protection, MM. Arbel, de la Loire; Beauquier, du Doubs, membre de la Ligue; Grosdidier, de la Meuse; Jean Hennessy, de la Charente, membre de la Ligue; Méquillet, de Meurthe-et-Moselle; Millevoye, de Paris; Treignier, de Loir-et-Cher; de Villebois-Mareuil, de la Mayenne; Violette, d'Eure-et-Loir.

Nombreux aussi sont les journaux et revues qui élèvent la voix en faveur de nos chers petits Oiseaux. Dans une feuille toulousaine, c'est M. Battanchon, inspecteur de l'agriculture, qui pousse le cri d'alarme et nous rappelle qu'en Australie, certains délits de chasse sont punis par 12,000 francs d'amende, qu'en Belgique, le braconnage est assimilé au vol et qu'en France, il est considéré comme une plaisanterie. A l'heure où l'on dit que les Oiseaux des jardins publics de Paris vont être condamnés à mort, les journaux nous annoncent que cinq cents Oiseaux chanteurs, Fauvettes, Rossignols, etc., ont été transportés d'Angleterre dans la Colombie britannique pour peupler les forêts du pays. Enfin, dans le *Bulletin de la Société centrale des Chasseurs*, notre infatigable collègue, André Godard, demande la révision de la liste des Oiseaux utiles, travail de première nécessité, en face de cette affirmation d'un naturaliste, qui a établi que, si les Oiseaux étaient entièrement exterminés, la terre, dix ans après, serait inhabitable pour l'homme. Nous n'aurons garde de passer sous silence une observation de M. Godard, qui est assez curieuse, au moment où l'on accuse de nocivité la Hulotte. « J'ai, dit-il, observé quotidiennement un nid de ces Oiseaux; une seule fois, j'y trouvai les débris d'une Pie; mais, soir et matin, les parents apportaient à leurs petits d'énormes Rats, des Souris, et des Grenouilles. »

Pour être justes, ajoutons que les journaux nous parlent aussi de condamnations infligées aux destructeurs, mais que sont ces chiffres comparés au nombre des victimes !

M. le Président nous lit une lettre de M. Ingram, sur les Paradisiers importés dans la Petite-Tabago, et qui, heureusement, y réussissent parfaitement. Nous nous permettrons d'ajouter un seul mot : il n'était que temps.

Lisez plutôt la note publiée dans la *Quinzaine coloniale*, par M. Camille Martin :

« D'après les données officielles, la Nouvelle-Guinée avait exporté, en 1910, 4.847 Oiseaux de Paradis. Ce chiffre est monté, en 1911, à 7.376. Dans un article de la *Kolonialzeitung*, le professeur Preuss, directeur de la Compagnie de la Nouvelle-Guinée, écrivait, il y a quelque temps, que cet Oiseau craintif, qui ne chante pas et qui se nourrit principalement de fruits, ne mérite aucunement d'être épargné. « Il n'est bon, disait-il, qu'à faire rendre des bénéfices aux plantations de cocotiers. » La Compagnie de la Nouvelle-Guinée possède de grands domaines, qu'elle ne peut elle-même exploiter faute de main-d'œuvre. Aussi cherche-t-elle à les vendre. Les acheteurs indiqués sont d'anciens employés de la compagnie, qui ne possèdent pas un capital suffisant. C'est ici que se révèle l'utilité des Oiseaux de paradis. « Tandis que l'un des blancs s'en va à

la chasse, son compagnon s'occupe de la plantation. » Mais
aujourd'hui, la chasse est devenue l'affaire principale, à laquelle
tout le monde prend part, et ce sont de véritables expéditions,
aboutissant à des massacres. Il y a quelques années, il était
strictement défendu d'avoir plus d'un fusil pour un permis de
chasse. Maintenant, chaque société importante a le droit de se
servir de six fusils pour un seul permis. Le nombre de ces
armes, employées actuellement dans la Nouvelle-Guinée allemande à la chasse des Oiseaux de paradis dépasse certainement
la centaine. Mais le professeur Neuhauss fait remarquer qu'une
partie de l'argent gagné ainsi est dépensé ensuite pour faire
les frais des représailles exercées contre les indigènes, sous
les coups desquels plus d'un chasseur a péri. L'une de ces
victimes, Mikulicz, et ses compagnons avaient livré quatre
combats aux noirs. Le meurtre d'un autre chasseur, Richards,
fut impitoyablement châtié. Le rapport officiel relate que le
grand village Wamba fut incendié et réduit en cendres, et que
les Wambas eurent environ quarante morts. Des assassinats,
des soulèvements et des opérations de représailles, voilà où
conduit la liberté de chasser les Oiseaux de paradis. L'Angleterre l'a interdite, il y a plusieurs années déjà, dans ses territoires de la Nouvelle-Guinée. L'Allemagne se montrera-t-elle
moins civilisée? demande le professeur Neuhauss. Depuis le
premier janvier, est établi un droit de douane de 20 marks par
pièce au lieu de 5 marks, et on annonce que de nouvelles
mesures préservatrices seront prises.

Il est vrai que chez nous on est tout aussi destructeur, et
hier encore, à Marseille, M. Baron, président de la Fédération
des chasseurs des Bouches-du-Rhône, faisait opérer la saisie
de cinquante douzaines de Rouges-gorges apportées de Tunisie,
où on paie la douzaine 7 sous pour la revendre 50 en Provence.
Et, deux fois par semaine, ajoute notre correspondant, il doit
arriver la valeur d'un millier de douzaines de ces Passereaux
et autres Becs-fins.

D'une autre manière, M. Legros ne nous a pas rendu un
moindre service en faisant, à Valenciennes, une conférence
dans laquelle la cause de nos amis ailés a remporté un véritable
et éclatant succès. M. Legros illustra sa conférence avec les
projections réunies par notre Ligue, dans ce but spécial, et qui
paraissaient sur l'écran pour la première fois.

A Bussières, dans le Doubs, une Société scolaire de protection s'est organisée à l'instigation de notre collègue, M. Depret-Bixio, et l'instituteur, M. Rousselet, annonce qu'il y a déjà trente-cinq élèves, garçons ou filles, qui en font partie.

En Charente, notre délégué, M. Louis Comandon, a trouvé chez le préfet et chez l'inspecteur d'académie, un appui précieux.

M. Viton nous adresse une série d'observations curieuses. Tout d'abord, il nous signale qu'en s'abstenant de tirer des coups de fusil chez lui, il a réussi à rendre très peu sauvages les Ramiers, à l'encontre de ce qui se passe dans son voisinage. Il signale la coutume barbare d'aveugler ces animaux pour s'en servir comme d'appelants. Il déplore le massacre des Vanneaux pris au filet et la destruction des Perdreaux rouges par les filets à petits Oiseaux. Enfin il constate, dans l'intérêt du fisc, que les filets nuisent à la vente des poudres.

La séance se termine par deux communications. L'une de M. Ch. Mailles, intitulée « le Pour et le Contre »; l'autre de M. Pierre-Amédée Pichot sur la « Destruction des Oiseaux aux îles Sandwich ».

Le travail de M. Mailles amène une discussion sur le Freux, qui, dit un membre, peut devenir utile si, en trempant les semences dans certaines compositions, on sait l'en éloigner. Protégeons nos récoltes contre nos Oiseaux, dit une brochure publiée par la Société royale anglaise de protection des Oiseaux, mais sans les tuer.

Quant aux détails donnés par M. Pichot et qui n'ont eu que le défaut d'une trop grande brièveté, nous espérons que notre collègue voudra bien y revenir, d'une manière moins succincte dans le Bulletin. On y verra comment l'incurie de l'homme peut réduire une terre à devenir un cimetière couvert de squelettes, mais en même temps on apprendra avec plaisir que l'on a pris des mesures de protection destinées à remédier à ce déplorable état de choses.

Le Secrétaire,

Comte D'ORFEUILLE.

L'exposition internationale d'ornithologie de Liége vient de se terminer après avoir reçu la consécration d'une visite officielle, celle de M. Helleputte, ministre de l'Agriculture et des Travaux publics.

Notre Ligue, qui prenait part à l'exposition, a eu le grand honneur d'être mise hors concours. Parmi les exposants médaillés, citons notre vice-président, M. Menegaux, nos collègues le prince E. d'Arenberg et M. P.-A. Pichot.

J'ai passé plusieurs heures dans les salles de l'exposition, vivement intéressé par les collections qu'elles renfermaient et par les explications que m'a si aimablement données M. le lieutenant L. Cuisinier, secrétaire général.

La Belgique doit, à divers titres, retenir l'attention des protectionnistes. Nous reviendrons à son sujet quand seront connus les résultats des concours adjoints à l'exposition. En particulier, le Prix du Roi, pour lequel se préparent d'importants mémoires, nous fournira d'utiles enseignements.

A. C.

POUR LA PROPAGANDE

Valenciennes. — A la suite de la conférence « Pour l'Oiseau » faite par M. A. Legros, professeur à l'École primaire supérieure, au collège de jeunes filles, la municipalité a décidé que 24 nichoirs seraient fabriqués par les élèves de l'École professionnelle et placés dans les jardins et squares de la cité valenciennoise. On le voit, la Ville des Prix de Rome, l' « Athènes du Nord », comprend que, sauver les Oiseaux, c'est encore faire œuvre de beauté. Nos remerciements à M. Dannien, adjoint au maire, qui a bien voulu prendre cette généreuse initiative.

Achat de livres. — M. Burel: 1 exemplaire de contes et nouvelles de bêtes, un exemplaire de : *Les Amis du Cultivateur*, 1 exemplaire de *L'Oiseau et les récoltes*, 1 exemplaire de *Grâce pour les Oiseaux*, trois exemplaires de *Sauvons nos Oiseaux*, dix exemplaires du discours de M. F. Hugues.

M. H. Kehrig : un exemplaire de *Sauvons nos Oiseaux*.

Mme C. Picchi : un exemplaire de *Sauvons nos Oiseaux*.

Mlle R. de la Rive : 10 exemplaires de *Les Amis du cultivateur*, 25 exemplaires de *Sauvons nos Oiseaux*, 15 exemplaires de *Grâce pour nos Oiseaux*.

M. Wynn : 200 exemplaires du discours de M. F. Hugues.

Le Gérant : A. MARETHEUX.

Paris. — L. MARETHEUX, imprimeur, 1, rue Cassette.

BULLETIN DE LA LIGUE FRANÇAISE

POUR LA

PROTECTION DES OISEAUX

FONDÉE PAR LA

SOCIÉTÉ NATIONALE D'ACCLIMATATION DE FRANCE

LÉGISLATION ET RÉGLEMENTATION

Dans la séance du 22 novembre 1912 a été discuté et adopté un rapport de notre Secrétaire adjoint, relatif aux lois protectrices actuelles et à leur modification.

Le texte complet de ce rapport est déposé au siège de la Ligue, où on pourra en prendre connaissance: nous en donnerons aujourd'hui l'essentiel seulement.

Le rapport comprend quatre parties. La première, la plus longue, est un « exposé des motifs » dans lequel sont examinées, l'une après l'autre, les différentes causes de disparition des Oiseaux et les mesures à prendre pour protéger ceux-ci plus efficacement. Cette étude sert d'introduction à la deuxième partie qui donne le texte des dix vœux suivants :

Premier vœu. — Que la période dite de « fermeture de la chasse » soit étendue à toutes les espèces d'Oiseaux sans exceptions, pour tout le territoire sans aucune restriction.

Deuxième vœu. — Que la surveillance des Oiseaux dits « nuisibles » soit, en temps de fermeture, exercée par des « tierceliers » spécialement créés pour cette fonction, conformément au projet de loi joint à l'exposé des motifs.

Troisième vœu. — Que les Oiseaux migrateurs soient protégés contre les phares par l'installation, sur ces phares, d'échelles semblables à celles employées en Hollande (phare de Terschelling, par exemple), à la suite des recherches de M. Thijsse.

Quatrième vœu. — Qu'il soit donné aux enfants des écoles primaires des notions pratiques d'histoire naturelle appliquée.

Que ces leçons de zoologie portent, avant tout, sur les animaux les plus communs et sur les animaux dont la connaissance pratique est liée aux intérêts des habitants de nos campagnes.

Que ces leçons enseignent la protection qui est due aux Oiseaux utiles à l'agriculture et combattent les mauvais traitements et les actes de cruauté envers les animaux.

Que des concours soient organisés, chaque année, entre les élèves des écoles primaires, en s'inspirant du « concours d'observations d'histoire naturelle dans les écoles primaires » organisé par la Société nationale d'Acclimatation. Les récompenses du concours seraient distribuées dans une « Fête des Animaux » qui grouperait les écoles d'un canton ou d'un arrondissement.

Cinquième vœu. — Qu'en outre des modifications demandées par les vœux I et II, la loi sur la chasse, du 3 mai 1844 soit modifiée et complétée :

1° Pour rendre plus effective, en tout temps, la protection des Oiseaux qui sont inscrits sur la liste n° 1 de la Convention internationale du 19 mars 1902 ;

2° Pour faire disparaître les restrictions apportées par l'article 2 de la loi de 1844 ;

3° Pour préciser tout ce qui, dans la loi de 1844, a trait aux engins prohibés, de façon à enlever tout prétexte aux interprétations et aux tolérances ;

4° Pour rendre plus effectives et plus efficaces les attributions exercées, depuis le décret du 24 février 1897, par le Ministre de l'Agriculture dans l'application de la loi de 1844.

Sixième vœu. — Qu'il soit institué un « permis de port d'arme à feu » pour toute arme à feu, quel qu'en soit le modèle et le calibre.

Que le prix du permis varie avec le modèle et la nature de l'arme, les armes étant rangées dans diverses catégories suivant leur calibre ou système.

Septième vœu. — Que les canots automobiles employés pour la chasse soient frappés d'un permis de chasse à taxe très élevée.

Qu'il soit interdit d'employer, à bord de ces canots, les canons et les armes à répétition.

Huitième vœu. — Que la « commission ministérielle temporaire pour le classement des Oiseaux utiles et nuisibles » soit transformée en commission permanente.

Que cette commission permanente de classement des Oiseaux soit consultée parallèlement à la « commission permanente de la chasse », et constitue, avec cette dernière commission, l'organisme chargé de veiller, sous la haute direction du ministre de l'Agriculture, à la bonne exécution de la loi sur la chasse, et de tout ce qui a trait à la protection des Oiseaux visés par la loi sur la chasse ou par la Convention internationale du 19 mars 1902.

Neuvième vœu. — Que l'impôt sur les chiens soit, pour tout le territoire, contrôlé par le port d'une médaille attachée d'une manière bien visible au collier des animaux.

Que l'impôt soit doublé pour les chiennes, sauf pour les chiennes primées dans des concours ou inscrites sur un livre d'origine.

Qu'un impôt soit établi sur tous les chats. Dans les exploitations agricoles, un premier chat serait frappé d'une taxe réduite ; l'impôt devenant ensuite progressif avec les animaux en surplus.

Que le paiement de cet impôt soit constaté par le port d'un collier.

Que les chats trouvés à plus de 100 mètres des habitations ne soient plus considérés comme animaux domestiques, et rentrent dans la catégorie des animaux « nuisibles », avec toutes les conséquences prévues par la loi.

Dixième vœu. — Qu'un « permis de naturaliste », uniforme pour tout le territoire, puisse être délivré, en vue de recherches scientifiques, sur la demande des établissements scientifiques d'état ou des sociétés scientifiques reconnues, et après approbation des commissions ministérielles de la chasse et de classement des Oiseaux.

Par le premier vœu, nous demandons que tous les Oiseaux,

sans exception, jouissent d'une protection complète pendant toute la période de reproduction ; que, par conséquent, tous les Oiseaux, quels qu'ils soient, profitent de la « fermeture de la chasse » telle qu'elle est réservée jusqu'ici, seulement aux principaux « Oiseaux-gibier », perdreau, faisan, caille....

Cette mesure de protection généralisée, nécessaire au maintien et à la multiplication des espèces, pourrait favoriser une trop grande extension de certaines d'entre elles dont il est juste de restreindre le nombre, tant dans l'intérêt de l'homme que pour préserver d'autres Oiseaux plus utiles.

Afin d'éviter les morts inutiles, les erreurs et les abus, on confierait le soin des exécutions indispensables à des chasseurs spécialement choisis et connaissant les Oiseaux et leurs mœurs. Ces « tierceliers » avaient été prévus et demandés par M. de Villebois-Mareuil, député de la Mayenne, dans un projet de loi déposé par lui en février 1907.

M. de Villebois-Mareuil s'était placé exclusivement au point de vue chasse ; nous reprenons son texte en l'harmonisant avec nos desiderata et nos idées. Le texte de loi proposé par nous forme la quatrième partie du rapport.

Depuis la rédaction du troisième vœu, quelques mois seulement ont passé, et déjà la réalisation est proche, le S. II. C. F. va bientôt installer les échelles Thijsse sur un phare français. Nous verrions avec joie tous nos vœux tomber ainsi l'un après l'autre dans le domaine de la réalité.

Par notre quatrième vœu, nous cherchons à combattre l'ignorance et les préjugés : que l'on apprenne aux enfants à connaître les animaux qui les entourent, ils les estimeront à leur juste valeur, les aimeront et s'en feront les protecteurs.

Avec le cinquième vœu, nous revenons à la loi sur la chasse du 3 mai 1844. Cette loi, fondamentale pour nous, a besoin d'être rajeunie. Il lui faut s'inspirer de la Convention de 1902, et consacrer, dans son texte même, la haute autorité en matière de chasse qu'a si justement conférée au Ministre de l'Agriculture, le décret de février 1897 ; ainsi disparaîtra l'arbitraire préfectoral, source de toutes les tolérances. Nous demandons aussi la suppression de l'article 2 de la loi de 1844 ; il permet la chasse en tout temps dans les enclos : c'est la porte ouverte à tous les abus, et cet article est en contradiction formelle avec les idées protectrices qu'exprime notre premier vœu.

Le « permis de port d'arme à feu » dont nous demandons

l'établissement, implique la déclaration de toute arme, quelle qu'elle soit : aussi bien revolver de poche que petite carabine ou fusil à répétition. Nous concilions ainsi une mesure de police réclamée depuis longtemps, avec une meilleure surveillance de toutes les armes de chasse. En échelonnant le prix des permis, nous frappons les armes d'après leur pouvoir meurtrier, sans en exonérer aucune.

Une réglementation des canots automobiles, en tant qu'employés à la chasse, ainsi que des armes qu'ils portent à bord a été proposée par la Commission de la chasse, sur le rapport de notre Vice-Président, M. Ternier. Notre septième vœu ne figure donc plus ici qu'à titre de rappel et nous espérons que les arguments de M. Ternier recevront bientôt la consécration officielle que nous leur souhaitons.

Le huitième vœu est assez explicite pour qu'il soit inutile d'y insister longuement ici : nous prévoyons l'établissement d'une sorte de Comité consultatif, chargé de signaler au Ministre de l'Agriculture l'opportunité de telle mesure nouvelle, l'utilité et le sens d'une modification aux lois et règlements déjà existants. Un fonctionnement actif des deux Commissions est lié au paragraphe 4 de notre cinquième vœu.

Chiens vagabonds, chats chasseurs sont deux maux contre lesquels on ne saurait trop essayer de lutter ; nous insistons à nouveau sur l'opportunité de réglementations déjà plusieurs fois proposées avant nous. Un impôt sur les Chats (1) en réduirait le nombre dans de grandes proportions. Pour que cet impôt soit efficace, il faut en faire constater l'acquittement par un signe visible de loin sur l'animal lui-même. Le port d'un collier signalerait tout Chat en règle avec la loi ; ce collier également éviterait parfois au Chat maraudeur les rigueurs d'une trop

---

(1) *L'ornithologiste*, organe de la société suisse pour l'étude des Oiseaux et leur protection, annonce dans son numéro de juin que l'impôt sur les Chats est à la veille d'être introduit dans le canton de Vaud. « Chaque Chat ayant payé l'impôt, devra recevoir une plaque fixée à un collier ; les Chats ne les portant pas pourront être tués ou leurs propriétaires amendés. » Le nouvel article de loi prévoit en outre, ainsi que cela se fait dans beaucoup de villes d'Allemagne : « la pose, par les soins de l'autorité communale, de trappes destinées à prendre les Chats errants dans les promenades publiques et dans les fonds particuliers, entièrement clos, tels que jardins et vergers. Les Chats capturés pourront être réclamés par les propriétaires, pendant quarante-huit heures, contre paiement des frais de fourrière. Passé ce délai, ils devront être abattus ».

prompte condamnation. Il en est de même d'une médaille fiscale appendue au collier des Chiens. Partout où elle a été adoptée, les résultats ont été excellents, et les amis des Chiens doivent se joindre à nous pour en demander la généralisation.

L'impôt double sur les Chiennes doit être institué sans retard, avec toutefois les restrictions que nous demandons nous-mêmes : elles favorisent la multiplication des beaux animaux et des bêtes de race pure, avec l'espoir de voir bientôt disparaître ces trop nombreux cabots, d'origine indéfinissable, véritable honte de la race canine.

L'extension et la généralisation des mesures protectrices ne doivent pas entraver les recherches scientifiques qui exigeront parfois le sacrifice de quelques-uns de nos Oiseaux. Il existe bien un « Permis de naturaliste » ; mais, laissé au bon vouloir des préfets, il n'a pas tardé à tomber en désuétude. Nous voudrions le voir reprendre, et délivrer seulement par le Ministre de l'Agriculture sur la proposition de personnes compétentes. On réduirait ainsi à leur maximum des sacrifices nécessaires, tout en permettant d'établir une surveillance dont l'état actuel des choses ne laisse pas entrevoir la possibilité.

Dans la troisième partie du rapport, nous avons cherché à donner à certains de nos vœux une forme plus tangible en présentant un projet complet de modification de la loi sur la chasse du 3 mai 1844. L'ancien texte et le texte proposé figurent côte à côte sur deux colonnes, pour rendre la comparaison plus facile.

Sans insister sur le détail, ce qui nous conduirait à des répétitions inutiles, disons seulement que la modification fondamentale apportée à la loi est celle qui correspond au paragraphe 4 du cinquième vœu : donner au Ministre de l'Agriculture la haute autorité en matière de chasse, et retirer au préfets les pouvoirs que leur confère la loi de 1844 dans son texte actuellement en vigueur.

Cette loi, bientôt vieille de soixante-dix ans, est encore excellente dans son ensemble ; mais des modifications s'imposent, et des additions, commandés aussi bien par l'appauvrissement toujours plus grand, plus menaçant de notre faune, que par l'évolution des idées et des sentiments que tendent vers une protection plus complète.

La Convention de 1902, elle-même, a besoin de retouches.

Une nouvelle conférence internationale réunirait, sans aucun doute, l'adhésion des puissances non représentées en 1902, car le mouvement protectionniste a pris une grande extension depuis cette époque; souhaitons que la France provoque cette seconde manifestation comme elle avait su prendre l'initiative de la première.

EXTRAITS

DES

PROCÈS-VERBAUX DES SÉANCES DE LA LIGUE

SÉANCE DU 18 AVRIL 1913

Présidence de **M. Magaud d'Aubusson**, président.

Le procès-verbal de la dernière séance est lu et adopté.

Comme chaque mois, fort considérable est le nombre des journaux que notre Secrétaire adjoint a la patience de dépouiller, et nous pouvons même dire qu'il augmente chaque fois, preuve irréfutable des résultats obtenus par la Ligue, de l'influence certaine de sa propagande et de tout l'intérêt qu'on prend à la question de la protection.

Citons en première ligne le passage suivant d'un article publié dans *l'Ère nouvelle de Cognac* par notre délégué, M. Louis Comandon:

« Grâce à la générosité et au bon sens éclairé de mes compatriotes, grâce au précieux concours du Préfet, dont vous avez lu l'excellente circulaire il y a quinze jours dans ce journal, de l'inspecteur d'Académie qui m'a aidé à répandre 900 brochures sur « l'Oiseau et les récoltes », tous les maires et tous les instituteurs de la Charente sont sollicités de protéger dorénavant et de multiplier, si possible, ces bienfaisants et gratuits auxiliaires de notre agriculture. M. l'inspecteur d'Académie m'a même promis de conseiller dans toutes les écoles des associations d'enfants en vue de sauver les nids. »

On n'a pas oublié l'intéressante communication de M. Pierre-Amédée Pichot, sur les massacres d'Oiseaux aux îles Sandwich ; notre collègue vient de traiter à nouveau ce sujet dans *le Chenil et l'Écho de l'élevage*. Il faut relire l'aspect de l'île de Laysan, tel qu'il apparut aux commissaires des États-Unis. Les massacreurs ne s'étaient pas contentés de s'en prendre aux Albatros : les Hirondelles de mer, les Pétrels, les Paille-en-queue, les Fous, les Courlis, les Sarcelles n'avaient pas échappé aux hécatombes, et si le travail des chasseurs n'avait pas été subitement interrompu, tout y aurait passé certainement. Sans compter les tas d'ossements que l'on rencontrait à chaque pas et les jeunes, morts d'inanition dans les nids, il y avait, en arrière des bâtiments qui avaient servi à l'exploitation du guano, une grande citerne mise à sec où l'on entassait les Oiseaux captifs pour les y laisser mourir de faim afin que, par la résorbtion de la graisse, le travail du nettoyage des peaux se trouvât simplifié, quand, pour aller plus vite, on ne se contentait pas de couper simplement les ailes des Oiseaux vivants dont l'hémorragie achevait la torture.

Nous conseillons la lecture de l'article de M. Pichot ; c'est à faire mourir d'une crise de jalousie les massacreurs des Macareux de l'île Rouzic.

N'oublions pas aussi de citer en passant les nombreux articles de journaux sur les phares et grâce auxquels M. Thijsse et ses échelles sont aujourd'hui universellement connus.

M. Charles Le Goffic, qui applaudit aux effort de la Société d'Acclimatation, jette à son tour le cri d'alarme, rappelle les hécatombes que l'on ne connaît que trop, et cite, entre autres, ce fait de trois négociants, qui, à eux seuls, d'octobre à novembre, exportent de Mont-de-Marsan sur Paris, de 8 à 10.000 Chardonnerets par semaine. On peut constater les arrivages réguliers, en cages couvertes de toile, à la gare d'Orléans.

Le Gaulois a donné une excellente analyse de la conférence de M. Burdet, et nous nous faisons un devoir de remercier, en passant, pour tout ce qu'ils ont dit d'aimable sur notre Ligue. *Mon Dimanche*, le *Globe*, de Londres, le *Moniteur de la mode*, le *Petit Écho de la mode*, le *Journal des Instituteurs*, l'*Avenir de Calais*, la *Revue scientifique*, etc., etc.

Dans *Comœdia*, M. Émile Faguet est plutôt sévère pour les femmes emplumées. L'habitude, chère à nos dames, dit-il, de porter un charnier sur la tête et de placer leur visage dans le cadre d'un cimetière, continue toujours et est bien loin de paraître prendre fin. Elles continuent de surchager leurs chapeaux de plumes d'Oiseau, de pattes d'Oiseau et de queues d'Oiseau. L'article qui, il faut l'avouer, n'est pas un chef-d'œuvre de galanterie, est intitulé : Les porte-plumes.

Chez nous, l'importante Société des Agriculteurs de France émet des vœux en faveur de la protection des Oiseaux; au Mexique, la chasse aux Aigrettes est interdite; nos amis et voisins, les Belges, ont la fête des Oiseaux, que la Ligue serait si heureuse de créer en France, pays, où l'on oublie trop que, selon l'expression de M. Robert Delys, dans un remarquable article : « Les Oiseaux et l'Agriculture », ces petits êtres sont l'auxiliaire vigilant, infatigable de l'agriculteur, qui toujours ne le paye pas de retour, tant est grande l'imprévoyance humaine.

Aussi, est-on heureux lorsqu'on rencontre des hommes qui comprennent mieux nos véritables intérêts et sont, par leur situation, dans la possibilité de les défendre. C'est pourquoi nous nous empressons d'adresser nos félicitations à M. Michaux, brigadier forestier à Moulins, qui, après deux examens, vient d'être nommé garde général des eaux et forêts.

M. le Secrétaire adjoint met sous les yeux de la Ligue :

1º Un projet de statuts pour Sociétés scolaires de protection ;

2º Un projet de notre collègue M. Depret Bixio pour la société qu'il a fondée et qui fonctionne déjà.

Par l'intermédiaire de M. Burdet, l'échange de notre Bulletin sera fait désormais avec ceux de la Société hollandaise de protection des Oiseaux et de la Section hollandaise pour la protection des paysages.

Notre zélé collègue M. Godard, d'Angers, continue ses essais d'élevage en volière pour lâcher d'Oiseaux. Il va, cette année, baguer les produits de ses élevages pour suivre leur sort. Il est à noter que M. Godard ne s'occupe plus que d'Oiseaux sédentaires, ne voulant pas risquer que ses élèves aillent se faire étrangler dans le Midi.

Un autre membre de la Ligue, M. Bouchacourt, a souscrit à deux exemplaires de « Grâce pour les Oiseaux », destinés à être adressés à des instituteurs que désignera notre Bureau.

Aux échanges indiqués plus haut, ajoutons « Animalia », écho de la protection des animaux.

Il existe, paraît-il, d'autres gens qui prennent en pitié la gent ailée ; ce sont, vous ne l'auriez jamais cru, les laceteurs. Eh oui, ils ont eu l'idée désopilante de publier une affiche dans laquelle ils reconnaissent qu'il existe des Oiseaux utiles, et, sous leur plume, nous trouvons cette phrase adorable : On les protège. C'est le comble de l'ironie ou plutôt de l'impudence.

Nous préférons pour notre compte les protestations indignées des membres du Parlement qui ont pris en main la cause qui nous est chère, comme M. Galpin, député de la Sarthe, et M. l'abbé Lemire. Nous aimons mieux aussi les efforts d'un homme zélé, tel que M. Burdet, dont les lecteurs du Bulletin pourront bientôt lire une lettre sur la question des phares. On aura idée de l'intérêt offert par la conférence qu'il a donnée à Paris, quand nous aurons dit que nous recevions, de Barcelone, une dépêche de M. Wynn, exprimant ses profonds regrets de ne pouvoir y assister.

Tandis que nous protestions contre les tristes exploits des successeurs de Tartarin, dans le Midi, nous étions, il y a quelques jours, émus par un certain article de journal annonçant de prochaines mesures draconiennes contre les pauvres Ramiers, hôtes charmants des ombrages du Jardin des Plantes, du Parc Montsouris, des Buttes-Chaumont, du Parc Monceau et de notre vieux Luxembourg. Notre Ligue s'est, on le comprend, aussitôt mise en campagne, et, s'il lui a été répondu que nos amis suppriment la possibilité d'avoir certaines fleurs, on a bien voulu ajouter que les mesures prises contre eux seraient réduites dans la mesure du possible.

La séance se termine par la lecture d'un mémoire de M. d'Anne sur l'Écureuil et l'Oiseau. Les lecteurs du Bulletin le liront avec un grand intérêt, mais il nous a jeté dans une mélancolie profonde. Ce charmant petit être, dont les ébats égaient nos forêts et nos bosquets, n'est en somme qu'un vil malfaiteur. Il est vrai, hélas ! que le même triste phénomène se présente également dans la race humaine, où les grâces et la beauté ne sont pas toujours les compagnes de l'innocence et de la vertu.

Le Secrétaire,
COMTE D'ORFEUILLE.

RAPPORT DU TRÉSORIER POUR L'ANNÉE 1912.

Messieurs,

J'ai l'honneur de vous soumettre les résultats de la gestion de votre trésorier pour l'année 1912, ainsi que le projet de budget pour 1913.

1° EXERCICE 1912

Recettes.

Cotisations des membres titulaires	1.255 fr.	»
Rachat de cotisations	3.200 fr.	»
Dons	47 fr.	»
Publicité	60 fr.	»
Vente de bulletins et de divers	52 fr.	75
Intérêt produit par la somme déposée à la Société générale	5 fr.	»
Total	4.619 fr.	75

Dépenses.

Bulletin	1.020 fr.	25
Frais de Bureau et imprimés	412 fr.	90
Poste et quittances	235 fr.	16
Achat d'ouvrages	65 fr.	60
Personnel	330 fr.	»
Divers	244 fr.	70
En dépôt à la Société générale au 31 décembre	1.832 fr.	35
En caisse au secrétariat au 31 décembre (argent et timbres)	478 fr.	79
Total	4.619 fr.	75

2° PROJET DE BUDGET POUR 1913.

Recettes.

Cotisations	1.800 fr.	»
Publicité	60 fr.	»
Vente de bulletins et de divers	80 fr.	»
En dépôt à la Société générale, au 31 décembre 1912	1.832 fr.	35
En caisse au siège, au 31 décembre 1912	478 fr.	79
Intérêt produit par la somme déposée à la Société générale	5 fr.	»
Total	4.256 fr.	14

Dépenses.

Bulletin	1.300 fr.	»
Frais de bureau et imprimés	400 fr.	»
Poste et quittances	300 fr.	»
Achat de livres	45 fr.	»
Personnel	330 fr.	»
Divers	200 fr.	»
Récompenses	375 fr.	»
Propagande	600 fr.	»
Réserve ornithologique des Sept-Iles	200 fr.	»
Reste en caisse (argent et timbres)	506 fr.	14
Total général	4.256 fr.	14

Le chiffre prévu pour les cotisations de 1913 paraîtra faible ; nous en avons fait une estimation prudente, car nous ne devons pas compter normalement sur les grosses cotisations qui ont été si nombreuses l'an dernier. Signalons cependant, et l'on a pu le voir au Bulletin, que nous avons déjà reçu trois cotisations de membre donateur, ceci nous laisse espérer que nos prévisions seront heureusement dépassées.

La rubrique « vente de bulletins et de divers » s'est soldée l'an dernier par une perte. Nous escomptons cette année un bénéfice, et cela grâce aux dons de MM. Hugues et Burdet et aux réductions consenties sur leurs ouvrages par MM. Baudouy, Deliège et Kehrig ainsi que par M. Basset éditeur à Paris.

La dépense occasionnée par le Bulletin passe de 1.020,25 à 1.300 fr. Ceci est dû, en partie, à la progression actuelle et prévue du nombre de nos adhérents, ainsi qu'aux échanges, services et envois de bulletins pour propagande qui prennent plus d'extension. Nous aurions voulu également augmenter l'importance de notre Bulletin, mais il est sage de nous en tenir aux 16 pages seulement que comportent nos numéros actuels. Bien des articles et communications intéressants doivent attendre avant de paraître ; nous nous en excusons auprès des auteurs et les assurons de tout notre soin à concilier leur légitime désir avec les exigences du cadre trop restreint de notre publication mensuelle.

Les frais de bureau et d'imprimés ont été légèrement réduits, car nous n'avons plus à compter avec les dépenses de première installation. Par contre, les frais de poste et quittances passent de 235 à 300, ce que demande l'échange et l'envoi plus actif de lettres et de publications diverses.

Trois cent soixante-quinze francs ont été prévus pour les récompenses. Cette somme, très forte pour notre petit budget, est motivée par les frais qu'ont nécessités l'établissement de la médaille et du diplôme.

Les « divers » sont prévus pour une somme moins forte qu'en 1912. Sur les 244 francs inscrits à ce chapitre dans notre première année, nous citerons : Cotisation au Congrès forestier international du T. C. F. 20 francs. — Bagues de migration : 98.50. Frais d'expositions : 60. — Photographies et projections pour conférences 35 fr.

Au titre « Propagande », nous avons inscrit une somme importante, et cette rubrique est une de celles que nous voudrions voir prendre le plus de développement dans nos budgets.

Notre Bulletin ne doit pas être le seul moyen d'action de la Ligue, et nous sommes heureux de consacrer, cette année, la presque totalité de la somme prévue à l'envoi aux écoles et syndicats agricoles des brochures de MM. Hugues et Hotelin.

Les frais occasionnés par la Réserve des Sept-Iles, comprennent l'achat et la pose des plaques indicatrices; ce sont des dépenses de premier établissement que nous n'aurons plus à prévoir l'an prochain.

Enfin, vous aurez remarqué, au titre « Personnel » une somme de 330 francs : notre Ligue, en tant que Sous-section d'ornithologie de la Société d'acclimatation, impose à l'Agent de celle-ci un travail très suivi. M. Ballereau prend souvent pour nous sur ses heures libres; nous lui devions à la fois un remerciment et un encouragement.

Le Trésorier,

Dʳ P. VINCENT.

NOTES

Pour le Circaëte et la Bondrée.

Dans les forêts du Poitou, les gardes détruisent soigneusement, nous écrit-on, les Oiseaux de proie en tirant sur les nids pendant l'incubation. Passe encore pour les Autours et les Éperviers qui font concurrence aux chasseurs, mais le Circaëte Jean le Blanc n'échappe pas à la proscription, malgré que l'on ne trouve jamais que des reptiles et notamment des vipères dans son estomac. Cet oiseau ne pondant qu'un œuf, il est étonnant qu'il en reste encore, mais les chasseurs enragés ne résistent jamais à ce qu'ils appellent *un beau coup de fusil!* »

Il en est de même pour la Buse bondrée qui se nourrit surtout d'insectes et de nids de Guêpes que cet oiseau déterre avec tant d'acharnement que les ongles de ses serres sont le plus souvent usés jusqu'à la racine.

*
* *

Les Macareux des Sept-Iles.

Le secrétaire du Syndicat de la région Perros-Guirec nous a adressé une lettre d'où nous détachons les passages suivants : « Je vous remercie vivement, au nom du Syndicat, de l'heureuse initiative que vous avez su prendre à temps pour éviter la destruction complète des « Calculots » de l'île Rouzic.

« Un prochain guide est en composition et paraîtra en 1914. Il y sera parlé longuement des Macareux et, avec votre permission, nous serions heureux de reproduire une partie des articles de votre bulletin. »

Appréciant l'importance du concours si aimablement offert par le Syndicat, nous avons, pour attendre la prochaine édition du guide, fait imprimer une courte notice sur feuille volante qui sera encartée dans les exemplaires mis en vente cet été.

D'autre part, une sixième plaque a été posée à Port-Blanc, localité située à quelques kilomètres à l'est de Perros et d'où partent souvent des touristes pour aller visiter les îles.

*
* *

La protection contre les phares, et le S.H.C.F.

Nous avons annoncé que le S.H.C.F. avait fait poursuivre divers délinquants prévenus d'avoir massacré les Oiseaux venant tournoyer autour de la lanterne du phare de Gatteville (Manche). Le tribunal de Cherbourg avait acquitté les individus poursuivis, sous le prétexte que la nuit où les agents du S.H.C.F. avaient verbalisé, il n'y avait pas de passage d'oiseaux. La Cour d'appel de Caen vient de réformer ce jugement et les délinquants ont été condamnés à 50 francs d'amende avec sursis; que les autres, et notamment les gardiens du phare se le disent...

BIBLIOGRAPHIE

Les Amis du cultivateur, par E. Deliège, instituteur (1 fr. 50 franco, pris au siège de la Ligue).

Ce petit volume a valu à son auteur une de nos médailles de bronze, et plusieurs Ligueurs en ont acquis des exemplaires avant même qu'il ait été présenté dans notre Bulletin où, cependant, une bonne place doit lui être réservée.

M. Deliège constate que, malgré les leçons spéciales faites dans les écoles, les habitants des campagnes ôtent encore souvent la vie, sans nécessité aucune, à des animaux dont ils pourraient, au contraire, se faire d'utiles auxiliaires, des « amis ».

Au nombre de ces « amis », figurent nos plus actifs insectivores : Mésanges, Hirondelles, Fauvettes, Rossignols... et, à côté d'eux, des mammifères : Hérisson, Musaraigne, Taupe, Chauve-Souris; des batraciens et des reptiles : Grenouille, Crapaud, Orvet, Lézard, et enfin des insectes : Carabes, Coccinelles, Staphylins, Cicindèles.

Tous nous rendent de grands services, certains en sont bien mal payés : c'est une règle malheureusement trop générale qu'une peccadille, une faute même légère ou isolée, soit toujours amplifiée et punie avec rigueur tandis que les bienfaits passent inaperçus. Les animaux auraient, dans la circonstance, la triste consolation de constater qu'il en est bien de même chez leurs frères dits « supérieurs; mais M. Deliège vient à leur secours et prend leur défense.

Il le fait en auteur averti et documenté, complétant la description de chaque animal par un calcul où il montre l'énorme quantité d'insectes consommés par une famille ou une nichée. M. Deliège établit son calcul de façon à mettre en évidence la valeur pécuniaire de la récolte protégée. Ceci rend sa démonstration encore plus frappante, et le cultivateur respectera des amis si dévoués, puisqu'il en comprendra le véritable rôle.

A. C.

POUR LA PROPAGANDE

Achat de livres. — Mme Ouachée : dix exemplaires de : *Sauvons nos Oiseaux.*

M. d'Anne : six exemplaires de : *Sauvons nos Oiseaux.*

M. Antoine, instituteur à Bernay : un exemplaire de : *Grâce pour les Oiseaux.*

M. Bernier : un exemplaire de : *Grâce pour les Oiseaux* ; un exemplaire de : *Sauvons nos Oiseaux.*

M. Berthoule : cinq exemplaires du « discours de M. F. Hugues ».

M. Raynaud, instituteur, à Les Ollières : six exemplaires de : *Sauvons nos Oiseaux.*

M. A. Baroux : deux séries de vues stéréoscopiques, de M. Burdet : l'ochettes de cartes postales de M. Burdet : Mlle Perrodon, 1 ; — M. Bellette, 1. — M. Berthoule, 1. — M. Devy, 1, — M. Duriez, 1 ; — M. Quénard, 1.

Liste des membres.

Pour achever rapidement la publication de la liste des membres de la Ligue sans empiéter sur le texte du bulletin, nous avons décidé d'augmenter le nombre de pages du présent numéro.

Les premiers noms que l'on trouvera aujourd'hui font suite directement à ceux qui terminent la page IV parue dans le numéro de février dernier. Voir également la note insérée page 12 du bulletin de février.

Le Gérant : A. MARETHEUX.

Paris. — L. MARETHEUX, imprimeur, 1, rue Cassette.

BULLETIN DE LA LIGUE FRANÇAISE

POUR LA

PROTECTION DES OISEAUX

FONDÉE PAR LA

SOCIÉTÉ NATIONALE D'ACCLIMATATION DE FRANCE

LA PROTECTION RATIONNELLE DES OISEAUX

Par LOUIS TERNIER

(Suite).

J'ai indiqué très rapidement ce qu'il me semble qu'on doit entendre par protection rationnelle des Oiseaux et j'ai dit que, quant à présent, notre Ligue doit tout d'abord aviser au plus pressé et s'occuper de faire protéger les Oiseaux de France puisqu'il existe une Commission internationale pour la Protection des Oiseaux de tous pays. Les américains nous donnent l'exemple. La Société — National Association of Audubon Societies — se cantonne presque exclusivement dans la protection des espèces américaines dont le nombre suffit à donner de la besogne à ses adhérents. Mais nous ne devons pas oublier que justement toutes les Sociétés territoriales se doivent un appui et que, tout en laissant aux sociétés étrangères le soin de faire réglementer la protection des Oiseaux sur leur territoire, nous devons demander à nos pouvoirs publics de leur prêter main-forte et d'édicter des mesures de protection contre le trafic, dans notre pays, de dépouilles d'Oiseaux protégés dans le leur. C'est ainsi que si nous devons essayer de faire protéger l'Aigrette dans nos colonies, qui sont terres françaises, nous pouvons laisser aux sociétés américaines le soin d'entraver en Amérique la destruction des Aigrettes d'Amérique, mais nous avons aussi le devoir de demander que notre gouvernement aide les Américains dans leur campagne de protection de façon que nos marchés ne deviennent pas le débouché de toutes les dépouilles d'Oiseaux capturés dans leurs pays d'origine au mépris des lois et des règlements édictés par les États étrangers. Or, Paris est assurément, en ce moment, l'une des villes du monde où la « folie des Aigrettes » ainsi qu'on qualifiait dernièrement dans l'*Illustration* la mode féminine actuelle, sévit avec le plus de fureur. Il semble que les fabricants de chapeaux aient voulu jeter un défi aux promoteurs des campagnes entreprises à l'étranger, en Angleterre et en Amérique, et aussi en France, contre l'emploi des Aigrettes et des plumes d'Oiseaux sauvages sur les chapeaux.

Les plumassiers français n'auraient pas mieux demandé, paraît-il, que de limiter leur industrie à l'exploitation des plumes d'Oiseaux domestiques. La Société Nationale d'Acclimatation de France qui a entrepris d'aiguiller leurs efforts en ce sens, les aurait volontiers encouragés et soutenus dans cette voie. Mais la mode féminine, toujours cruelle, aussi bien pour ses esclaves qu'elle emprisonne, torture et enlaidit trop souvent, que pour les malheureux êtres qu'elle sacrifie à ses caprices, est intervenue. Et c'est toujours avec peine que j'ai constaté que les Françaises qui passent pour les plus sentimentales, les plus sensibles, les plus gracieuses, les plus femmes, en un mot, de toutes les femmes du monde entier, oublient aussi facilement tout sentiment de goût et d'humanité quand il s'agit de la mode, et consentent avec autant de résignation à subir la tyrannie de quelques grands couturiers et de quelques grandes modistes en mal de « créations » nouvelles, dont les fantaisies maladives ne sont, après tout, guidées que par le désir d'augmenter leur publicité, leur réclame et par suite leur clientèle. Il fut un temps où la mode féminine était gracieuse et artistique. Sous Louis XIV et sous Louis XV, par exemple, malgré quelques petits ridicules, toujours inséparables de ce qui touche au « costume », la toilette des femmes était charmante. Peut-on qualifier, au contraire, de charmantes les toilettes de nos jours, et les fourreaux de nos entravées surmontés de la calotte orientale à plumet gigantesque ne font-ils pas regretter le goût des frais costumes qui inspirèrent Watteau et ses émules ? La mode, en notre temps, pourtant si pratique et si positif, semble s'inspirer du laid et de l'incommode et je ne saurais trop m'associer à la boutade d'un de mes amis qui voyant passer dernièrement une Parisienne grotesquement affublée d'oripeaux paraissant empruntés aux peuplades sauvages de l'Afrique, s'écriait en riant : « Faut-il qu'elle soit jolie pour résister à un pareil accoutrement! »

Malheureusement, la mode prime tout. Elle fait loi et rien ne prévaut contre ses exigences, ni les raisonnements des économistes, ni les avertissements des savants, ni les représentations désintéressées des amis des Oiseaux. « L'entrave » a entravé le commerce des tissus; la folie de la plume fait disparaître des richesses internationales, la lutte n'est pas égale et les économistes, les savants et les protecteurs des auxiliaires de l'agriculture sont considérés comme des gêneurs. Les autres, on les décore, ni plus ni moins que des héros ou des bienfaiteurs de l'humanité.

La mode et la politique s'associent et se liguent contre nous. C'est à nous de liguer contre elles tous ceux et celles qui, en France, ont conservé la notion du juste et le goût du beau et du bien. Notre Ligue compte déjà beaucoup de gracieuses amies des Oiseaux. Elles me pardonneront certainement ma petite diatribe contre nos modes actuelles qu'elles ne doivent suivre que de loin, et elles sauront, j'en suis convaincu, amener les Françaises à ne garnir leurs chapeaux qu'avec les fleurs qui encadrent si gracieusement leurs frais visages ou à n'employer pour leur parure que des plumes d'Oiseaux domestiques dont la vue n'évoquera pas sans cesse pour elles l'idée de destructions irraisonnées et d'inutiles cruautés.

EXTRAITS

DES

PROCÈS-VERBAUX DES SÉANCES DE LA LIGUE

SÉANCE DU 23 MAI 1913

Présidence de **M. Magaud d'Aubusson**, Président.

Le procès-verbal de la dernière séance est lu et adopté.

M. le secrétaire adjoint donne quelques détails sur l'état de la Ligue. Il n'y a qu'à se louer, quant au recouvrement des cotisations, et le nombre des adhérents va toujours en augmentant, ce qui est une preuve incontestable de la sympathie du public et un puissant motif d'espérance et d'encouragement.

Nous avons perdu, pendant le cours de cette année, deux de nos collègues : M. Genteur et Mme Comte. Un autre, M. Vitalis Brun de Salvaza, se voit obligé, vu l'état de sa santé, de s'éloigner de nous.

M. d'Andrezel nous adresse un plaidoyer en faveur des Perdrix qu'on aurait accusées, dit-il, de faire tort au cultivateur. Selon lui, cet Oiseau s'attaquerait d'abord à toutes les mauvaises graines avant de toucher au blé et la présence des Perdrix exempterait de l'obligation d'un certain nombre de sarclages. M. d'Andrezel prend aussi la défense du Merle. A ce propos, un membre présent indique un moyen qui serait infaillible pour arrêter les déprédations des Oiseaux dans les arbres fruitiers, même celles de la Pie et de la Corneille ; ce serait tout simplement de suspendre la dépouille d'un Ecureuil.

M. le Dr Basiel nous envoie sa chaleureuse adhésion. La Ligue, dit-il, est une œuvre qui presse et dont les promoteurs méritent toute notre reconnaissance, en même temps que tout l'appui que chacun doit lui apporter.

Du Lot-et-Garonne, M. Viton écrit : « Je tiens à vous signaler le fait suivant. M. Courrent, conseiller général de Nérac, ayant agité au sein de l'assemblée départementale la question du lacet, le président, M. Dauzon, n'a pas mis la proposition aux voix et elle a été étouffée, telle une vulgaire Alouette ».

Le Touring Club a reçu l'intéressant rapport de notre délégué au Congrès international forestier, organisé par lui. Ce rapport contient des faits qu'il a recueillis à la suite d'observations personnelles; elles ont permis à M. Michaud, qui est garde général des forêts à Moulins, d'y prendre la défense de la Buse, du Corbeau, du Geai et de préconiser les mesures propres à préserver et multiplier les Oiseaux utiles aux forêts.

Y aurait-il un pronostic quelconque dans la rareté des Rossignols, signalée cette année dans quelques contrées? Au 15 avril, M. Godard n'en avait pas encore vu un seul, et si M. Chappellier en a aperçu un l'an dernier, il n'a pu cette année faire la même constatation. En revanche, ils abondent en Auvergne, et, à Nice, le mois dernier, M. Duriez a eu le plaisir de compter auprès de lui jusqu'à neuf de ces virtuoses.

Peu consolantes sont les nouvelles que ce dernier nous a envoyées de la Côte d'Azur, concernant la protection. A Nice, il se vend des paniers d'Oiseaux, venant d'Italie et dénommés d'une façon variée. A Saint-Paul, village situé entre Vence et Cagnes, les Orangers et les Oliviers sont malades et les auteurs responsables sont les Insectes que les Oiseaux, et pour cause, ne dévorent plus. Chacun est plus ou moins chasseur ou piégeur et comme on n'ignore pas, pour peu qu'on ait lu Tartarin, que le véritable gibier manque, on se rabat sur les petits Oiseaux; les citadins sont encore plus redoutables que les ruraux, ignorants qu'ils sont des intérêts de l'Agriculture. En résumé, situation déplorable, sans oublier les méfaits des Chats, qui détruisent sur tout le littoral les couvées qui avaient eu la chance inouïe d'être épargnées par le cultivateur ou le chasseur.

Puisque M. Duriez nous parle des Chats, mentionnons une lettre d'un de nos nouveaux collègues, M. Paul Manuel, qui revient sur une idée déjà exprimée avant lui et qui pourrait bien un jour trouver place dans la législation : elle consisterait à établir un impôt sur ces animaux malfaisants.

Toutes nos félicitations à notre collègue, M. André Barret, un grand protecteur des nids, pour la médaille d'argent que vient de lui accorder la Société protectrice des animaux à l'occasion de l'ouvrage qu'il a publié sous ce titre : Un Passereau à protéger; utilité et réhabilitation du Moineau. M. Barret a également reçu, pour services rendus, un diplôme d'honneur de la Société nationale protectrice du Pigeon voyageur.

Si nous envoyons nos compliments à M. Barret, nous nous garderons certainement d'en faire autant à l'égard d'un certain journal, que nous ne nommerons pas, pas plus que nous ne publierons sa recette sur la manière de faire tomber les Oiseaux tout étourdis et de s'en emparer. Une lettre a dû être adressée au rédacteur de ce périodique qui eût mieux fait de reproduire le procédé classique, mais à coup sûr plus innocent, du grain de sel sur la queue.

Chose aussi triste que curieuse, les Oiseaux de proie seraient moins nuisibles que l'Homme, si nous en croyons M. Geoffrey C. S. Ingram, qui, pendant deux saisons, a observé avec suite un nid d'Éperviers, pour en prendre des photographies aux diverses époques de la croissance des jeunes. Voici, en effet, ce qu'il écrit dans le numéro du *Field* du 3 mai 1913 : « Quant à la nourriture des Oiseaux, vieux et jeunes, j'ai relevé soigneusement, à chaque visite que je faisais à leur aire, les reliefs de leurs festins. Une seule fois, nous avons trouvé un débris de gibier. Merles, Grives, Alouettes, Pipis des prés formaient le fond de leur nourriture. La seule pièce de gibier, que nous avons trouvée, était un seul et unique petit Faisandeau. Pourtant à cinq cents mètres de l'arbre où ces Oiseaux de proie avaient niché, il y avait un élevage de plusieurs couvées de Faisans qui picoraient dans une clairière, et, sauf dans le seul cas précité, les Éperviers ne les ont jamais molestées. » De cette histoire, la conclusion à tirer est que si les Éperviers exercent le même vilain métier que nos destructeurs de petits Oiseaux du Midi, il dédaignent celui, non moins répugnant, de braconnier.

M. Burdet, dont nous avons tous gardé un bon souvenir, nous écrit :

« Je suis allé à l'île de Wight, pour visiter le phare de Saint-Catherine, près de Ventnor. J'y fus accompagné par M. Meade-Waldo, président du Comité de la Société royale pour la protection des Oiseaux et par M. Eagle Clarke, directeur du Royal Scottish Museum d'Edimbourg, connu surtout par de remarquables études sur les migrations des Oiseaux. Les installations de protection du phare de Sainte-Catherine ne sont pas encore achevées, aussi est-il difficile de juger dès maintenant de leur efficacité. En étudiant les plans de ce qui restait encore à faire, j'ai pu seulement conseiller un certain nombre de modifications qui s'imposaient, soit à cause de la construction même du phare, soit aussi par le fait de sa situation. Dans l'application du système Thijsse, il faudra toujours tenir compte de ces deux données. Mais enfin, les Anglais sont en train d'exécuter les projets présentés par leur Société pour la protection des Oiseaux, et le gouvernement leur a accordé toutes les facilités pour cela. Il faut espérer que les autres pays ne tarderont pas à suivre l'exemple de l'Angleterre. J'apprends que le Danemark va aussi appliquer la méthode Thijsse à ses phares et que l'Allemagne a fait prendre des informations par une mission spéciale. De toutes parts, il me revient qu'on s'occupe sérieusement de la question ; l'intérêt en faveur de la protection des Oiseaux va en augmentant, et c'est là un heureux signe du temps. »

En terminant, M. Burdet ajoute :

« J'espère pouvoir bientôt vous donner quelques détails sur les Butors, dont j'ai actuellement deux nids. Je passerai demain une partie de la journée dans une hutte de roseaux construite près de l'un d'eux et je me réjouis d'avance de tout ce que j'y verrai de nouveau ».

M. Burdet a été récompensé de ses peines :

« J'ai beaucoup à faire, nous dit-il, je passe une bonne partie de mes journées en courses, à la recherche des nids, ou à photographier les Oiseaux qui couvent. J'ai eu du succès auprès de mes deux nids de Butors. Deux d'entre eux se sont montrés fort aimables et j'ai pu prendre quelques gentils clichés de leur personne et de leur progéniture. Les jeunes ont l'air de petits Singes ; quant aux parents, leur attitude près des nids symbolise admirablement la prudence extrême, la vigilance ; ce sont vraiment de curieux Oiseaux. En fait de nouveauté, j'ai également photographié, la semaine dernière, un Hibou moyen duc (*Asio otus*), qui a fait son nid à terre dans notre dune ; c'est la première fois que je trouve un nid de cet Oiseau ; je ne l'avais vu jusqu'ici qu'au passage de printemps et d'automne. Il paraît donc qu'il est aussi sédentaire dans nos régions. Je n'ai jamais observé autant de Rossignols que cette année, nous en avons un véritable orchestre autour de notre maison. Il y a également abondance d'autres Oiseaux chanteurs : Pouillots fitis et siffleurs, Allouettes lulus, Pipis des buissons, Rouges-queues, Rouges-gorges, Gobe-mouches, Traquets, Tariers, etc.

Au lac de Naarden, les Spatules semblent aussi être en augmentation sur l'année dernière; c'est là sans doute l'heureux résultat de la protection dont jouissent actuellement ces Oiseaux. »

Le pilote dévoué qui nous représente à Perros-Guirec, envoie d'excellentes nouvelles: les Calculots sont nombreux à Rouzic et à Malban; il demande le placement d'une petite plaque au Port-Blanc.

Tous nos remerciements à M. Raymond, du Racing Club de France, pour son zèle dans l'établissement de nichoirs au Bois de Boulogne.

Toute notre gratitude aussi à notre délégué M. Adrien Legros, professeur au lycée de Valenciennes, qui a donné au Palais des Beaux-Arts de la Ville de Liége une conférence suivie de projections lumineuses. M. Legros est un propagandiste intrépide.

Puisque nous parlons de projections, nous ajouterons que nous cherchons à compléter notre collection avec des documents intéressant la protection et pris un peu partout. Nous faisons donc appel à tous nos collègues, et nous serons particulièrement reconnaissants à ceux qui, habitant le Midi et le Sud-Ouest, pourraient nous adresser des vues ayant trait à l'emploi des engins prohibés et à la mise en vente des Insectivores capturés.

Un autre puissant moyen de propagande est la brochure, aussi sommes-nous heureux d'annoncer que 20.000 de celle qui a pour titre *Sauvons nos Oiseaux* ont été envoyés, ces jours-ci, et déjà nous recevons de nombreuses réponses d'instituteurs pour celles qui ont été expédiées.

Notre délicieux poète Botrel a voulu lui aussi être de la partie. Il nous adresse avec une dédicace charmante une de ses cantilènes qui font rêver et qu'il a intitulée pour nous: *Petits gas: petits Oiseaux!* Au bas se trouvent ces mots: « Toute reproduction autorisée ». Toutes les fois que Botrel prend la plume, c'est, on le sait, pour commettre une action bonne et utile. Cette fois encore, il n'a pas manqué au programme de toute sa vie, et nous sommes à juste titre fiers de sa collaboration.

Et maintenant il nous faudrait dépouiller les journaux qui parlent de notre Ligue. Ce procès-verbal est déjà long et, à notre grand regret, nous reculons devant la tâche, nous contentant de glaner au hasard et d'écouter ce qu'on pense de nous à tous les points de l'horizon.

En Espagne, c'est notre collègue, M. Wynn, qui fait une conférence à l'Institut San Isidro et dont *Las noticias* et *La Vanguardia*, de Barcelone, ont parlé avec des éloges bien mérités; nous en trouvons aussi un écho sympathique dans *El diario de Barcelona*. Ce n'est pas non plus sans une véritable joie que nous avons lu une éloquente défense de nos idées dans une feuille publiée en langue catalane *La Veu de Catalunya*.

Remercions aussi M. Henri d'Argonne, attaché au Muséum, de son excellent article : « Les exigences de la mode et la protection des Oiseaux de parure résolues par l'élevage », paru dans *La vie aux champs*.

A Limoges, va s'ouvrir un Congrès de chasseurs; le programme en est excellent, c'est absolument la contre-partie du déplorable congrès de Nérac.

A propos de chasse, nous trouvons dans *L'Acclimatation* du 18 mai, un article intitulé : « La chasse au gibier d'eau dans les Bouches-du-Rhône », qui nous montre l'action néfaste du rôle laissé aux préfets dans l'interprétation de la loi de 1844. Tandis que dans les départements compris dans la zone des Bouches-du-Rhône, la chasse du gibier d'eau s'ouvre au 15 juillet dans le département qui porte ce nom, elle ne s'ouvre qu'au 15 août dans les départements voisins. Le ministre consulté sur cette anomalie, a émis une opinion conforme à la nôtre, qui consiste à n'avoir qu'une seule date pour tous les Oiseaux.

Dans la Gironde, la Société d'agriculture vient d'ajouter au programme de ses récompenses annuelles des médailles et des diplômes destinés aux instituteurs qui auront obtenu le plus de succès chez leurs élèves en faveur de la protection des Oiseaux utiles à l'agriculture.

Le journal de Menton contient de notre collègue, Mme Chauvassaignes, un excellent article de propagande.

Pendant ce temps, un autre ligueur, M. Viton, poursuit sa campagne contre les engins prohibés et il a imaginé de traiter la question par le côté sensible, c'est-à-dire l'argent. Il signale au ministre que les chasseurs du Midi échappent aux frais du permis. La suppression des filets à Vanneaux, Palombes et Alouettes, ou mieux la suppression des tolérances procurerait de suite, dit-il, un bénéfice d'environ un million pour l'Etat, et si les chasseurs de Palombes au filet étaient tenus de se

munir d'un permis de 28 fr. 60 au lieu d'une autorisation admi-
nistrative à 0 fr. 60, le bénéfice serait encore sensiblement
augmenté. Evidemment, ce ne serait là qu'une mesure non
définitive, mais si par là on arrivait déjà à supprimer les filets,
quel pas en avant !

Si nous avons à protéger l'Oiseau contre l'Homme, il arrive
quelquefois, au contraire, que l'Homme doit se défendre contre
l'Oiseau. C'est l'histoire de ce facteur, qui, depuis une dizaine
de jours, trouvait dans une boîte aux lettres, les correspon-
dances au milieu de brins de mousse. Croyant à un méfait de
la gent écolière, il fit part de sa découverte à l'instituteur. Le
fait s'étant renouvelé avec plus d'acharnement, une surveillance fut exercée et amena la capture des coupables : un couple
de jolies Mésanges. Et maintenant une lutte a lieu entre oisil-
lons et facteur. Deux fois par jour, celui-ci détruit le nid, mais
les petites Mésanges deux fois par jour recommencent à le
construire.

M. Cunisset-Carnot revient une fois de plus sur l'ignorance
des paysans tuant les Oiseaux qui pourraient leur être utiles ;
sur ce chapitre, il ne saurait trop en dire ; il constate la diminution qu'on observe dans les environs de Dijon et surtout celles
des Hirondelles, dont on voit aujourd'hui quelques douzaines
là où en avait jadis des milliers.

Un de nos nouveaux collègues, M. Tavernier, d'Aix-les-
Bains, a publié dans un journal de cette localité un article intitulé : « Protégeons les nichées » ; il est accompagné de figures
représentant les nids artificiels et les mangeoires qu'il a fabriqués. M. Tavernier est un véritable protecteur, éclairé et connaissant à fond tout ce qui concerne la question. Son exemple
est à imiter.

M. Maurice de Vilmorin veut bien nous communiquer un
numéro du *Tropical Life* traitant des questions se rapportant
à l'industrie de la plume. Le travail est trop important pour
qu'il nous soit permis de l'analyser ici. Nous nous contenterons
de dire qu'il y est parlé de la possibilité de l'élevage dans les
pays tropicaux, des croisements et de la reproduction ; il y a là
un beau rôle à jouer pour la Société d'Acclimatation, qui s'est
consacrée et se dévoue avec tant de zèle à la défense de l'Oiseau. Aussi, n'est-ce pas une véritable honte qu'en ouvrant la
lettre que M. Harry Johnston adresse à la Chambre de commerce de Londres, nous trouvons en tête de la liste des pays

où se pratique la destruction des Oiseaux insectivores l'est et le sud de la France. Que dire en présence de cette vérité ?

Mais nous nous laissons entraîner et, pour être complet, il nous faudrait encore bien des pages. Arrêtons-nous après avoir regardé de charmantes photographies données par le *London News*; elles représentent de jeunes Coucous recevant la pâture des parents des exilés et rappellent la méthode de M. Burdet, et puis séparons-nous jusqu'au mois de novembre, après avoir écouté M. Barret, défendant son ami le Moineau.

Le Secrétaire,

COMTE D'ORFEUILLE.

LE CONGRÈS DE LA CHASSE DE LIMOGES

Par R. DANNIN.

Les 29 et 30 juin derniers avait lieu, à Limoges, sous le patronage de la « Société centrale des Chasseurs », le VIIe Congrès annuel de la « Confédération des chasseurs au fusil de la France méridionale et du nord de l'Afrique ».

Les vœux apportés à ce Congrès par les présidents ou représentants des Sociétés de chasse du Midi furent nombreux; mais il est à la vérité de dire que la plupart étaient des vœux présentés les années précédentes et qui, malheureusement, n'ont encore reçu aucune sanction. La Ligue française pour la protection des Oiseaux, dans un légitime souci d'arriver à empêcher les massacres qui se font continuellement, non seulement par des braconniers avérés, mais encore par des légions de chasseurs qui, sous prétexte de tolérances, contreviennent chaque jour à la loi sur la chasse, m'avait délégué auprès de ce Congrès pour présenter le vœu dont voici le texte :

« La Ligue française pour la protection des Oiseaux, consi-
« dérant que, sous le nom de tolérances, de véritables délits
« sont commis contre la loi de 1844 sur la chasse, émet le vœu
« que, par les soins de tous les chasseurs réguliers, chaque
« délit-tolérance soit dénoncé avec preuves à l'appui et enre-
« gistré au siège d'une Société de chasse.

« Un état spécial serait dressé annuellement en ce sens, et le

« résumé en serait communiqué à tous les journaux de façon à
« faire pression sur l'opinion publique et arriver ainsi à
« obtenir l'application intégrale de la loi. »

Il est certain que chaque fois que nous lisons dans un journal
de chasse le récit des destructions faites en contravention
avec la loi, nous nous demandons comment de tels actes peuvent être tolérés, et pourquoi les pouvoirs publics, méconnaissant leur devoir, n'en poursuivent pas les auteurs.

Or, si ces délits ne sont pas poursuivis, c'est qu'ils sont, en
certaines régions, ouvertement tolérés, et nous n'hésitons pas,
afin d'appeler les choses par leur nom, à les frapper d'un
néologisme « les délits-tolérances ».

Peccadilles, diront certains, puisque, sur ces délits, l'autorité ferme les yeux. Faute d'une grande importance, dironsnous, car, vivant sous un régime qui doit être de toute égalité,
pourquoi, en certaines régions, existe-t-il des privilèges?

Nous voulons espérer qu'une ou plusieurs Sociétés de chasse,
en rapport avec la grande masse des chasseurs, voudront bien
prendre en mains notre vœu, et nous espérons savoir, en fin
d'année, combien de ces délits-tolérances auront été relevés
pour chaque département.

Nous sommes certains que l'on arrivera à changer quelque
chose aux mœurs actuelles quand un mouvement d'opinion
suffisamment puissant se sera produit et qu'alors on comprendra, dans les hautes sphères, que les chasseurs du Nord
valent ceux du Midi et que la loi doit être une pour tous les
Français.

En fin d'année, un relevé très court des délits-tolérances
serait remis à tous les grands quotidiens, ce qui permettrait,
par la voix de la presse, de faire connaître à toute la France
qu'en certaines parties du territoire on viole ouvertement la
loi sur la chasse et qu'il n'est que temps, pour le bien de l'agriculture, de supprimer cet abus.

Nous demandons à nos amis de la Ligue de nous faire savoir
tous les faits de ce genre qui seraient portés à leur connaissance, et nous nous empresserons de les transmettre aux Sociétés de chasse qui seront chargées de les centraliser.

PIERRE-PERCÉE

C'est le nom d'une roche située non loin de l'embouchure de la Loire, à quelques kilomètres en mer de Pornichet. Pierre-percée est un lieu de nidification fréquenté par plusieurs espèces intéressantes d'Oiseaux de mer ; malheureusement, au moment de la saison des bains de mer, les chasseurs qui villégiaturent dans cette région, y font de fréquentes descentes et Pierre-percée se dépeuple à son tour. Notre collègue, le Dr Louis Bureau, directeur du muséum de Nantes, à qui nous devons tous les renseignements sur les Oiseaux de Pierre-percée, nous engageait vivement à faire des démarches en vue de leur protection.

Nous nous sommes adressés au ministère de la Marine, de qui dépend Pierre-percée. Nous demandions à acheter ou, au moins, à louer la roche sur laquelle ne se trouve qu'un simple signal, une balise, dont notre intervention n'aurait, en aucune façon, entravé le fonctionnement ou gêné l'entretien. Grâce à l'aimable intervention de messieurs Honnorat, député des Basses-Alpes et Montprofit, chef du Secrétariat du Ministre, nous obtenions rapidement réponse de M. le Contre-Amiral Tracou, Préfet maritime de Lorient, chargé de l'enquête. Cette réponse ne fût pas telle que nous l'aurions désirée ; la Marine donnait un avis défavorable à la vente ou à la location de la roche, pour des raisons de balisage. Ce n'est pas là un empêchement majeur, et nous espérons en triompher dans des démarches ultérieures ; d'autant plus que les motifs invoqués par nous, à l'appui de notre demande, ont, en eux-mêmes, reçu un accueil favorable. Le Préfet maritime terminait sa réponse par ces mots : « Mais pour donner, dans une certaine mesure, satisfaction à la demande de votre Société, j'ai pensé qu'il y aurait lieu d'interdire la chasse aux Oiseaux de mer sur la roche Pierre-percée et dans ses parages. J'ai engagé, à ce sujet, une correspondance avec M. le Préfet de la Loire-Inférieure, l'arrêté prononçant l'interdiction de chasse ne pouvant être pris par moi que de concert avec le Préfet du département intéressé. »

Et, peu après, M. le contre-Amiral Tracou nous faisait parvenir le texte de l'arrêté qu'il venait de prendre, d'accord avec le Préfet de la Loire-Inférieure. C'est un sérieux pas vers la protection complète de Pierre-percée qui est appelée à devenir l'une de nos plus vivantes Réserves, si les autorités maritimes complètent bientôt les mesures qu'elles viennent de prendre, ce dont nous ne saurions douter en présence du premier résultat que nous venons d'obtenir.

TEXTE DE L'ARRÊTÉ :

Le Vice-Amiral commandant en chef, Préfet Maritime,

Vu la loi du 9 janvier 1852 sur la pêche côtière ;
Vu l'article 12 du décret du 10 mai 1862 ;
Vu l'avis favorable de M. le Préfet de la Loire-Inférieure ;
En raison de l'intérêt qu'il y a à prévenir la destruction des Oiseaux de mer de passage et à favoriser le repeuplement de cet îlot.

Arrête :

ARTICLE PREMIER. — Il est interdit de chasser, soit avec des armes à feu, soit avec des lacets ou filets, pendant toute l'année sur l'îlot « Pierre-percée », situé à 1 mille, 2 au N. 50. O, du phare du Grand Charpentier (entrée de la Loire).

Défense est faite en outre, d'enlever les œufs ou couvées d'Oiseaux de mer ou de passage sur ledit îlot.

ART. 2. — Le Directeur de l'Inscription Maritime à Nantes, les Administrateurs des quartiers de Saint-Nazaire, le Croisic et Nantes sont chargés de l'exécution du présent arrêté, tant pour les mesures préventives à prendre, que pour la répression des infractions constatées.

Fait à Lorient, le 21 juin 1913.

Le Contre-Amiral, Préfet Maritime, p. i.

signé : TRACOU.

Le Congrès forestier international.

« Sept cents congressistes, — 27 États représentés, — 54 rapports, — 40 communications, — 196 vœux adoptés, — une loi votée, — la promesse d'un crédit d'un million pour achat de forêts à reconstituer, — une entente entre forestiers, propriétaires et marchands de bois, — un lien permanent créé entre eux, — un office de renseignements pratiques, — l'espoir d'une réforme de l'assiette de l'impôt forestier.

« Tel est, en dix lignes, le bilan de cette grande manifestation. »
Ce court et éloquent résumé, que donne M. A. Bailli dans le Bulletin de juillet du T. C. F., montre combien le Congrès forestier fut actif, et quelle heureuse influence aura, pour l'avenir de la forêt,

l'initiative prise par le Touring-Club de France, organisateur du Congrès.

Parmi les questions traitées, quelques-unes touchent de plus près à l'Oiseau et à sa protection. Les études et les démarches de M. Mathey, conservateur des Eaux et Forêts à Grenoble, ont abouti à la création du premier « Parc national » français.

L'Etat vient d'acquérir, de la commune de Saint-Christophe-en-Oisans, dans l'Isère, 4.248 hectares de terrain formant le fond du cirque de la Bérarde; la commune loue, en outre, à l'État, 8.714 hectares, ce qui fait une surface de près de 13.000 hectares qui va bientôt, peut-être, se trouver agrandie de nouvelles acquisitions. Dans ces milliers d'hectares, toute chasse va être sévèrement interdite, la nature laissée à elle-même après une remise en état de la forêt détruite et un repeuplement des animaux disparus, Tetras, Bouquetins, entre autres.

Le Congrès a manifesté l'intérêt qu'avait à ses yeux cette question des Parcs nationaux en adoptant le vœu ci-dessous :

Le Congrès,

Considérant qu'il y a lieu de constituer des réserves de grande étendue dans lesquelles la nature rendue à elle-même et mise à l'abri de toute intervention humaine puisse laisser évoluer la flore et la faune,

Préconise, dans ce but, la création ou l'extension dans chaque pays de parcs nationaux;

Déclare qu'une réglementation appropriée, une stricte surveillance et de très sévères sanctions devront être prévues pour leur défense et leur protection;

Que leur emplacement devra être choisi, de préférence, dans les parties les plus pittoresques du territoire.

En outre, le Touring-Club a demandé à toutes les bonnes volontés, à tous les efforts vers cette conservation de nos richesses et de nos beautés naturelles et de se réunir en une « Société des Parcs nationaux de France », à laquelle ont aussitôt donné leur adhésion la Société d'Acclimatation et notre Ligue.

A la première section du Congrès, notre délégué, M. Michaud, garde général des Eaux et Forêts, à Moulins, a présenté un très intéressant rapport sur « La protection des Oiseaux utiles à la forêt »; le Congrès a adopté les deux vœux suivants, qui terminaient le rapport de M. Michaud.

Que, dans l'enseignement sylvicole, des leçons soient faites sur le rôle réciproque de la forêt et de l'oiseau, l'un envers l'autre, l'Oiseau protégeant la forêt contre l'insecte, la forêt offrant le refuge à l'Oiseau.

Que, dans les réserves forestières et les parcs nationaux, des mesures soient prises pour la multiplication des Oiseaux utiles et la conservation des espèces rares ou en voie de disparition.

A ces vœux est venu s'en joindre un troisième, proposé par

M. R. Villatte des Prugnes, demandant que le rapport de la « Commission ministérielle de classement des Oiseaux utiles et nuisibles » soit publié sans tarder pour faire connaître d'une manière définitive les listes d'oiseaux utiles et nuisibles adoptées par le ministère.

NOTES

Concours de vergers.

Au commencement de l'année 1911, la « Société d'horticulture du Doubs, à Besançon », organisa un « Concours de vergers » dans ce département.

Dans le Bulletin de cette Société du mois d'octobre de la dite année, nous extrayons du rapport adressé par les membres du jury ce qui est relatif à la visite du verger de l'un de ses membres.

« ... Les notes prises sur le terrain sont encore insuffisantes. Aussi nous bornerons-nous à citer quelques-uns des innombrables variétés de fruits qui abondent en pommiers, poiriers, cerisiers et pruniers, véritables collections ; à côté et le long des allées, groseillers et framboisiers de toutes espèces ; la vigne contre les murs est admirable de végétation, nous y goûtons des raisins confits par cet ardent soleil.

« Les massifs de noisetiers se confondent avec les cognassiers, sorbiers, cornouillers, alisiers et les massifs décoratifs de cytises, faux pistachiers, sycomores, tilleuls, peupliers argentés, noisetiers pourpres, etc., etc., d'énormes châtaigniers sont couverts de fruits, et il n'est pas jusqu'aux figuiers où nous avons le plaisir de cueillir des fruits mûrs et savoureux.

« Il n'est pas non plus jusqu'aux petits Oiseaux auxquels on a réservé des nids artificiels pendus aux arbres ou ménagés dans l'épaisseur des murs, avec des abreuvoirs constamment remplis d'eau bien claire et dissimulés dans les massifs... »

Erratum. — Nos lecteurs auront certainement corrigé d'eux-mêmes, dans le dernier Bulletin, le lapsus qui, page 82, ligne 18, donnerait à une phrase un sens tout opposé à celui qu'elle doit avoir ; il faut lire : « On réduirait ainsi à leur *minimum* les sacrifices nécessaires, ... ».

Le Gérant : A. MARETHEUX.

Paris. — L. MARETHEUX, imprimeur, 1, rue Cassette.

BULLETIN DE LA LIGUE FRANÇAISE

POUR LA

PROTECTION DES OISEAUX

FONDÉE PAR LA

SOCIÉTÉ NATIONALE D'ACCLIMATATION DE FRANCE

LETTRE DE GIRONDE

Par un Instituteur.

Votre brochure : *Sauvons nos Oiseaux!* est très intéressante, mais ce ne sont pas les instituteurs que vous devez chercher à convaincre, ce sont nos députés, nos sénateurs, le ministre de l'Agriculture, et surtout le ministre de l'Intérieur, qui a sous sa coupe les préfets.

Les préfets font ce qui leur plaît en matière de chasse; je veux dire que, sous leur propre responsabilité, ils peuvent prendre tel ou tel arrêté autorisant ou défendant un genre de chasse. Comme homme, le préfet est souvent un protecteur convaincu des petits Oiseaux ; comme administrateur, pour ne pas déplaire à des hommes politiques ou à des groupements puissants, il est obligé de prendre un arrêté *tolérant* le massacre. C'est ce qui se produit en Gironde, où la tuerie se continue toute l'année sous l'œil bienveillant des autorités.

En ce moment (15 mai), nos riches oisifs ont des chasses à l'Ortolan installées dans toutes leurs propriétés; de plus, il leur est permis de se livrer au massacre des Tourterelles, soit au fusil, soit au filet. S'ils trouvent quelque Lièvre ou quelque Perdreau, ils ne se font pas faute de tirer dessus. Ils ont aussi le droit de tirer tout ce qui se trouve sur le territoire maritime : Culs-Blancs, Pieds-Rouges, etc. Tous les matins, en ce moment, dans les grandes gares de Bordeaux, on voit des gens, fusil en bandoulière, guêtrés, harnachés comme un jour d'ouverture ; ils vont sur le bord du bassin d'Arcachon, ou bien à Soulac, ou bien à Royan, et reviennent le plus souvent avec le carnier plein, le gibier étant peu sauvage en cette saison.

Les paysans, eux, ne se privent pas non plus ; ils tendent des collets aux Lièvres, Lapins, Perdreaux. Quant aux Pies-grièches, ils les détruisent avec des sortes de pièges en forme d'arc qu'ils placent sur les branches mortes des arbres fruitiers, ou simplement sur des piquets. Dans une quinzaine de jours, il y aura des Pies-grièches un peu partout ; fin juillet, nous n'en verrons plus une seule. Tout sera détruit.

Ces divers amusements conduisent nos destructeurs jusqu'à l'ouverture, qui a lieu habituellement vers le 15 août. Alors, on commence à préparer le massacre pour les grandes migrations de fin septembre, octobre et première quinzaine de novembre ; on installe un peu partout de grands filets ou pantes qui, en se refermant, prennent un vol entier d'Alouettes ou de petits Oiseaux.

Le plus souvent, à côté de ces filets, se trouve une installation de quelques milliers de lacets. Les Oiseaux ratés par la pante sont ramenés par l'oiseleur avec son sifflet et ses appeaux : les lacets n'en laissent pas échapper un seul.

Pendant le mois d'octobre, on détruit ainsi, soit au fusil, soit au filet, des quantités innombrables de Palombes et de Pigeons ramiers ; le plus petit bois a sa chasse : sur un espace de 20 kilomètres, nous en comptons vingt différentes. Un propriétaire d'une commune voisine m'a avoué avoir pris 700 Palombes vivantes au mois d'octobre dernier ; certains jours, lui et ses amis en tuaient 30 ou 40 au fusil. Dans les gorges des Pyrénées, certaines grandes chasses munies de filets verticaux prennent plusieurs milliers de Palombes en un jour !

Si encore on protégeait nos petits Oiseaux lorsqu'ils nous reviennent pour nicher en février et mars ! A cette époque, le massacre recommence de plus belle dans la Gironde et les départements voisins, le Lot-et-Garonne surtout. On n'autorise pas, on *tolère*, sous l'œil bienveillant des gendarmes et des gardes champêtres, que des millions de petits Oiseaux soient inutilement détruits. En mars dernier, je voulus voir comment les choses se passaient, et je me rendis dans une de ces tende-

ries : de 8 heures à 10 heures du matin, je vis prendre plus de
300 Alouettes, Lavandières, Fauvettes, Rossignols..., le lacet
ne choisit pas. Dans certaines gares du bassin d'Arcachon, on
expédie, à la saison des passages, plusieurs quintaux de petits
Oiseaux chaque jour; les captures sont expédiées vers nos
grandes villes, Paris, Bordeaux, Marseille surtout.

J'ai habité pendant une dizaine d'années près du marché des
Capucins, à Bordeaux: c'est un marché dans le genre des Halles
centrales de Paris, en plus petit, cela va sans dire. Eh bien !
j'ai vu là, en octobre, en mars, des choses qui m'ont indigné :
j'ai vu jeter à la voirie, dans les tombereaux qui ramassent les
détritus, des milliers et des milliers de petits Oiseaux reconnus
impropres à la consommation. Nous avons à certaines heures
du jour, à ce moment-là, 20 et même 25 degrés au-dessus de
zéro, c'est dire que le gibier ne se conserve pas longtemps.
Malgré cela, certaines années, le massacre a été *toléré* jusqu'au
10 avril. Cette année-ci, on l'a arrêté au 31 mars.

Il n'y a rien d'étonnant à cela, car les chasseurs aux pantes
et aux lacets sont des personnages. Ils ont souvent des réunions
à l'Athénée de Bordeaux; ils se sont même payé le luxe de
tenir un congrès à Nérac, sous le haut patronage de députés
et de sénateurs de notre région. Et, cependant, celui qui vit à
la campagne sait bien que tous ces destructeurs de petits
Oiseaux sont des gens bien peu intéressants. Généralement,
ceux qui installent des tenderies aux pantes et aux lacets sont
des paresseux incorrigibles, des individus qui n'ont jamais eu
le courage de se livrer à un travail régulier, des piliers d'esta-
minet. Mais... ils sont électeurs !

Nous aussi, nous sommes électeurs, et, pour sauver des millions de petits Oiseaux, nous devons former des groupements
plus puissants, plus nombreux que ceux des massacreurs, agir
auprès de nos parlementaires par la voie de la presse, par
des pétitions nombreuses qui se couvriront vite des signatures
de milliers d'honnêtes gens.

Je sauve tous les ans quelques centaines d'oiseaux en obli-
geant les élèves à respecter, à protéger les nids; mais j'ai,
dans la commune, quatre ou cinq chasseurs qui, lors des
grands passages, détruisent à eux seuls 2 ou 3.000 petits
Oiseaux en une seule journée, et cela sous l'œil bienveillant de
la police. Il y a de quoi être découragé.

La Cochylis, l'Eudémis font perdre des millions à la viticulture dans le département de la Gironde ; quoi d'étonnant à cela ? Par des journées chaudes, à la première éclosion, vous voyez voltiger des millions de Papillons, et vous ne voyez pas un seul Oiseau ? Où se cacheraient-ils ? Il n'y a pas un arbre fruitier, pas une haie ; les propriétaires, pour ne pas perdre un pied de vigne, ont fait toutes les clôtures avec de la ronce artificielle. Dans nos magnifiques vignobles du Sauternais, vous ne voyez pas un seul arbre, même en bordure ; quant aux haies, il y a beau temps qu'elles ont été arrachées. On devrait faire comprendre aux propriétaires qu'ils ont tout intérêt à ménager des abris à leurs précieux auxiliaires, les petits Oiseaux.

En résumé, je crois que le meilleur moyen d'arriver à nos fins est de former, dans toute la France, des groupements puissants qui agiront fermement, sans se lasser, auprès des pouvoirs publics. Il faudra bien que le massacre des petits Oiseaux, véritable scandale indigne d'un peuple civilisé, prenne fin.

CORRESPONDANCE

Nous avons reçu de M. le prince Ernest d'Arenberg la lettre suivante, relative à l'article « Législation et réglementation », paru dans le Bulletin de Juillet.

Monsieur le Président,

Notre si dévoué secrétaire adjoint M. Chappellier a déposé le 22 novembre 1912, sur le Bureau de la Ligue, un rapport concernant une meilleure organisation dans le protection des Oiseaux en France.

Je suis un des premiers adhérents de la Ligue.

Personne plus que moi n'aime les Oiseaux. Personne plus que moi ne désire une protection aussi complète que possible et aussi effective que faire se peut.

Mais j'estime que pour obtenir un succès, en quelque matière que ce soit, il ne faut pas trop demander, et qu'il importe surtout de ne pas formuler des desiderata excessifs.

Or, l'examen des différents vœux consignés dans notre Bulletin m'a suggéré quelques critiques.

Les quatre premiers vœux me paraissent très bons dans leur essence; mais le cinquième prête, pour moi, à deux critiques.

Certes l'arbitraire préfectoral est une plaie, mais il a aussi ses bons côtés, et la centralisation à outrance est un mal pire encore. Une certaine latitude doit être donnée aux autorités départementales. Je m'explique par un exemple : dans un grand nombre de départements, la chasse au gibier d'eau est ouverte le 15 juillet. A cette époque, les Oiseaux aquatiques (eau douce) ont acquis suffisamment de force pour fuir le chasseur; on autorisera donc leur poursuite sur les lacs, étangs et rivières. Or, supposons un département comme le mien; la population « anti-chasseuse » ne cherche que l'occasion de tricher avec les lois cynégétiques, de nombreux individus, sous couleur d'aller tirer des Canards ou des Poules d'eau, assassinent tout ce qui part devant eux : Levrauts, Pouillards, etc... Et le Préfet n'aurait pas la faculté de supprimer l'ouverture prématurée? Mais ce serait contraire à toute raison !

Disons, si l'on veut, que tout arrêté exceptionnel émanant d'un Préfet devra être examiné, avant sa mise en vigueur, par un service unique et compétent; mais, de grâce, ne demandons pas à un Ministre ou à ses bureaux de connaître parfaitement le gibier ou les Oiseaux de toute la France, dans tous les coins de ce pays dont le climat, la nature et les gens offrent des variations si grandes !

Ce même cinquième vœu tend à supprimer le droit absolu que tout individu possède d'agir à sa guise dans l'enclos où se trouve son habitation. Mais, c'est de l'inquisition, et de la pire espèce! L'administration se mêle déjà bien assez de ce qui ne la regarde pas sans que l'on aille encore étendre ses droits ! Chacun chez soi, pour l'amour du ciel !

Ce n'est pas parce que certains énergumènes braconnent dans leur parc qu'il faut tracasser les honnêtes propriétaires, qui sont la majorité! Voyez-vous le gendarme dressant procès-verbal dans une propriété close? Mais il faut n'y réfléchir qu'un instant pour voir tout ce que cette mesure aurait de vexatoire !

Le septième vœu est obscur et demande encore trop. Que les canots automobiles soient très fortement taxés et les canons interdits, parfait. Cependant, que veut-on dire par « Canots automobiles employés pour la chasse »? C'est une appellation vague. A de rares exceptions près, les canots de chasse ne diffèrent pas de ceux que l'on utilise pour la simple promenade. Alors, quelle preuve invoquer pour leur infliger la taxe ?

L'interdiction d'utiliser les armes à répétition me paraît déplacée; un *Browning* ou un *Winchester* ne fait pas beaucoup plus de mal que deux fusils à deux coups. Mais, en tout cas, si les armes à répétition doivent être interdites en mer, à plus forte raison devraient-elles l'être sur terre. Il est clair que les 5 ou 6 coups de ces instruments, plus ou moins américains, font plus de tort dans une compagnie de Perdreaux que dans un vol de gibier aquatique, hors le cas très spécial de la chasse aux Halbrans.

Blâmons ces outils, anti-sportifs au premier chef, mais si l'on veut essayer, sans aucune chance de succès d'ailleurs, d'en interdire l'usage, que ce soit pour toute espèce de chasse.

Le huitième vœu me semble excellent en tous points. Il n'en est pas de même du neuvième.

Le dernier paragraphe, concernant la distance à laquelle un Chat doit être considéré comme un animal nuisible, ne se peut critiquer, ainsi que le troisième prévoyant une forte taxe sur tous les matous. Le quatrième est une utopie. Jamais on n'obligera les gens à acheter un collier pour des bêtes qui passent inaperçues à la campagne. Tout au plus pourrait-on exiger que tous les Chats, sauf ceux qui ne quittent jamais la maison, aient les oreilles coupées (1). Et encore, la réalisation d'un tel vœu me paraît-elle plus qu'aléatoire !

J'en arrive aux paragraphes 1 et 2. Aucun chasseur, aucun cultivateur ne pourra les approuver, tels qu'ils sont présentés. Comment peut-on estimer pratique le port d'une médaille? Je donnerai la forte somme à qui me trouvera une pendeloque capable de résister au frottement contre les épines, les branches que traversent, des heures durant, les Chiens de chasse. Si l'on désire distinguer les animaux pour lesquels on a payé l'impôt, adoptons un timbre inaltérable semblable à celui dont se servent les Anglais pour marquer leurs Chiens d'équipage.

Ce n'est pas tout, pour peu qu'on ait chassé ou vu chasser à courre, on sait que jamais les Chiens de meute, d'ordre, pour employer le terme consacré, n'ont de collier à cause du danger d'étranglement par les basses branches et de l'impossibilité où se trouvent le chasseur et ses piqueux de surveiller chacun des 30 à 50 Chiens qu'on découple sur un animal. Or, n'oublions pas que la chasse à courre est une richesse pour le pays où elle se pratique et qu'il ne faut pas lui jeter un bâton de plus dans les roues; il y en a déjà suffisamment !

Tout aussi déplorable est l'idée d'une taxe double sur les Chiennes. A quoi cela rime-t-il? Rien qu'à gêner tout le monde, le cultivateur qui ne peut se passer de Chiens de berger, le paisible

---

(1) Le pavillon doit être coupé au ras de la tête, de façon que l'eau de l'herbe et des brindilles entre sans obstacle dans l'oreille du Chat. Celui-ci, craignant l'eau, comme tous ses congénères, n'exposera plus les circonvolutions de son oreille interne au froid des gouttelettes de rosée ou de pluie, et restera à la maison. J'ai vu des Chats guéris ainsi de la maraude.

rentier qui a besoin d'un Chien de garde pour sa villa, la vieille dame dont l'unique consolation est le « Médor » ou la « Javotte » bouffie de graisse qui traîne sur les coussins, enfin les chasseurs à courre, qui plus est tous les chasseurs.

Mais, me dira-t-on, vous généralisez trop ! Je répondrai : y a-t-il des restrictions dans le neuvième vœu ? Aucune, sauf celle qui ne veut pas dire grand'chose, et qui dispense de l'impôt les femelles « primées dans les concours ou inscrites sur un livre d'origine ». Je sais des lices splendides et de tout premier ordre qui n'ont jamais été primées. Pour ma part, j'ai une Chienne Cocker pas pure du tout, mais qui est une perfection pour la chasse, naturellement inscrite nulle part et sans pedigree. Alors il faudra que je paye pour cette bête excellente, et M. Z..., propriétaire d'une Chienne à particule, 1er grand prix partout, hors concours de fieldtrials d'été, et bonne à rien parce que, au premier coup de fusil, elle file et ne revient pas (le cas est fréquent), ledit M. X... ne paiera rien. Oh ! justice, où êtes-vous ! En France, on n'aime pas courir les risques d'une exposition généralement mal installée, sans parler des frais ; alors, quelle valeur a la restriction ? On ne voudrait tout de même pas forcer les gens à exposer !

Ce malheureux neuvième vœu, et c'est cela qui est désolant, pourrait être excellent si on voulait rogner, ajouter et préciser surtout. Je m'explique.

Adoptons la marque obligatoire à l'oreille, et, de grâce, oublions la breloque impratique et laide. Ne doublons rien, en fait d'impôt sur les Chiennes, car cela ne veut rien dire. Mais admettons plutôt qu'un Chien errant, non muni du collier ou d'une marque (lettre sur le flanc), doit être assimilé aux animaux nuisibles. Je dis plus, considérons comme tel tout Chien s'éloignant à plus de 200 mètres de l'habitation, de la ferme de son maître, et surtout du berger qu'il doit servir. Car voilà la plaie : c'est le Chien qui néglige les bêtes dont il a la surveillance.

Demandons donc que tout gardien de troupeau se voie dresser procès-verbal si son Chien n'est plus tenu à l'attache. Etablissons qu'il ne devra jamais y avoir plus d'un Chien par berger ou vacher. Surtout, insistons pour que les agents de la force publique passent des visites dans les fermes et n'admettent que le nombre strictement nécessaire de Chiens pour la garde des bêtes à corne ou à laine ; exception faite pour les lieux d'élevage avec chenil, dont les sujets ne sortent pas. Ainsi, nous aurons fait œuvre utile et pratique.

Quant aux Chats, traquons-les par tous les moyens possibles, mais ne parlons pas de colliers et de médailles ; coupons ou marquons les oreilles, et c'est tout.

On comprendra, j'espère, que je ne mets aucune acrimonie ni

aucun parti dans ces critiques. J'expose simplement mes idées,
ayant une certaine expérience des « choses de la campagne ».

L'intérêt seul de la cause qui nous est chère m'a incité à prendre
la plume au sujet du rapport fort bien compris et dont seuls quelques points de détail m'ont paru sujets à discussion.

Veuillez agréer, je vous prie, Monsieur le Président, l'assurance
de ma parfaite considération.

Prince E. d'Arenberg.

*
* *

Les judicieuses réflexions de notre Collègue, à propos de ma rédaction
de 1912, ont trop de valeur par elles-mêmes et par l'autorité de notre correspondant, en ces matières, pour que je ne puisse désirer y ajouter
quelques remarques ; cela dans l'espoir que tous les efforts réunis hâte-
ront la réalisation d'un avenir meilleur pour nos protégés (1).

Sur la restriction de l'autorité préfectorale, nous sommes tous d'accord, et certaines indications venues des milieux compétents laissent à
penser que nous sommes dans la bonne voie. Reste à s'entendre sur la
mise en œuvre, et là, je pense que, dans notre texte, un balancement de
rédaction serait suffisant puisque le service unique et compétent réclamé
par le prince d'Arenberg se trouve implicitement compris dans l'organisation prévue par le huitième vœu ; à savoir, le groupement consultatif
des deux Commissions réunies de la chasse et de classement des Oiseaux.
C'est, dans mon esprit, ce Comité consultatif qui, travaillant pour et par
le Ministre, arriverait peu à peu à mettre de l'ordre dans cette chose
encore mal équilibrée qu'est la réglementation de la chasse chez nous.
Les deux Commissions, avec la collaboration des autorités départementales (Préfets, Conseils généraux), par des enquêtes, par leur travail personnel, établiraient les desiderata de tous, chasseurs, gibier, protecteurs
d'Oiseaux, avec une précision suffisante pour que, exception faite d'évé-
nements locaux ou saisonniers rapidement signalés, la réglementation
centralisée devienne, pour ainsi dire automatique. Les préfets auraient
encore une belle part dans le travail, puisque c'est, en grande partie,
d'après leurs indications qu'agiraient les Commissions ; on leur retirerait
seulement le pouvoir de décréter par eux seuls. Ils se trouveraient ainsi,
dans tout ce qui a trait à la chasse, préservés des néfastes influences lo-
cales, et pour nous une grande partie du résultat désiré serait atteint.

Dans le cas spécial du gibier d'eau examiné plus spécialement par le
prince d'Arenberg, j'irais plus loin que lui. Il dit, prenant son département comme exemple, que l'on pourrait avoir intérêt à supprimer, dans
certaines circonstances, l'ouverture prématurée au gibier d'eau, ouver-

(1) J'ai communiqué la présente rédaction au Prince d'Arenberg, qui a
complété sa pensée par de nouvelles remarques intéressantes ; on les trouvera en note à la suite du passage auquel elles se rapportent.

ture qui a lieu vers la mi-juillet, et livre au fusil d'individus peu scrupuleux les Levrauts et les Pouillards. Je crois que le mal, ainsi mis en évidence, n'est pas seulement local, il est général. L'ouverture au gibier d'eau arrive, en effet, à un moment qui est celui de la reproduction et de l'élevage des jeunes pour la grande majorité de nos Oiseaux. A cette époque de préparation et de réparation, un coup de fusil résonne trop et sonne mal. J'ai éprouvé cette sensation, il y a quelques années, au premier printemps, alors que j'étais allé pour la première, et la dernière fois, chasser la Bécasse à la croûle ; et je me souviens aussi de la profonde impression que je ressentis en faisant lever sous mes pieds une Bécasse qui couvait deux œufs dans un taillis encore endormi, blanc de neige et de verglas. Bécasse à la croûle et Canard en Halbran, c'est, au point de vue chasse, manger son blé en herbe, et je suis persuadé, qu'avec le temps et la réflexion, tous les chasseurs viendront à nous pour réclamer une période de fermeture *unique*, générale et aussi étendue que possible (1).

Un autre paragraphe du cinquième vœu demande purement et simplement la suppression complète de l'article 2 de la loi de 1844. C'est, je le reconnais, la plus osée parmi toutes les réformes qui sont visées dans la rédaction des vœux. Elle mérite donc qu'on s'y arrête, et les critiques si précises de notre correspondant me font un devoir d'essayer de justifier les considérations qui m'avaient fait adopter cette manière de voir. Voici tout d'abord, pour fixer les idées, le texte de l'article en question.

Article 2. — Le propriétaire ou possesseur peut chasser et faire chasser, en tout temps, sans permis de chasse, dans ses possessions attenant à une habitation et entourées d'une clôture continue faisant obstacle à toute communication avec les héritages voisins.

Lorsqu'il donnait cette autorisation si large « en tout temps, et sans permis », le législateur était guidé par le respect des droits de la propriété privée, et j'avais hésité longtemps, avant d'aller à l'extrême, cherchant une solution moins absolue, mais qui permît, cependant, d'atteindre les délits que j'avais en vue. Il est certain que si nous n'avions à considérer que les propriétés clauses et sévèrement gardées, rien ne serait à craindre, et nous devrions, au contraire, encourager de toutes nos forces ces réserves privées. Une de nos plus dévouées Ligueuses, qui s'efforce de répandre les idées de protection dans une région très ingrate, m'écrivait récemment à ce propos : « Dans mon petit coin de X..., j'ai pu, derrière mes murs, détruire plus de trente Chats, tant au piège qu'au fusil, des Pies en toute saison, des Buses terribles, et nul ne peut venir dénicher et déranger le seul clos où les Oiseaux peuvent nicher tranquilles à bien des kilomètres à la ronde. »

(1) « Je suis absolument d'un avis différent : le principe de l'ouverture prématurée du gibier d'eau, *toujours* en avance sur le reste, est excellent d'une façon générale, car c'est le seul moyen pratique d'atteindre les Canards dans l'hinterland français. Quant à la Bécasse, la croûle est une ignominie qui devrait être interdite partout, mais la Bécasse n'est pas un gibier d'eau, et celui-ci, quel qu'il soit, est toujours (eau douce) assez en avance pour qu'on le chasse en juillet. Tous les pays chasseurs, Allemagne et Autriche, ont des ouvertures multiples. »   E. A.

Il est incontestable que la surveillance des enclos où la faune est très protégée exige, pour cette protection même, une police à laquelle les pièges ne sauraient suffire, et, qu'en tout temps, certaines exécutions réclament l'emploi d'une arme à feu. Tout le premier, je serais frappé par une mesure trop radicale, ou, pour mieux dire, les Oiseaux que je protège chez moi en souffriraient, car je ne pourrais plus, en tout temps, employer la carabine qui discrètement et sans rien effaroucher, maintient le bon ordre et veille sur les faibles. La suppression de l'article 2, faisant table rase de tous les enclos quels qu'ils soient, serait donc une mesure contraire à nos propres intérêts, et nous ne saurions la proposer qu'en la contre-balançant par la création de tierceliers prévus dans le deuxième vœu. Je n'ai pu, dans le Bulletin de juillet, donner le texte du projet de loi relatif aux tierceliers ; on y trouverait le paragraphe suivant (article 3, § 4) : « Il (le tiercelier) peut, s'il le juge nécessaire, autoriser, en temps de fermeture, les habitants des communes de son ressort à user d'armes à feu contre les Oiseaux commettant des dégàts sur leurs propriétés. Cette autorisation est essentiellement temporaire et exercée sous le contrôle du tiercelier qui sera seul juge de la prolonger, de la renouveler ou de la supprimer. »

Par conséquent, sous la surveillance et avec la collaboration du tiercelier, reviendraient aussitôt à la vie les enclos utiles et désirables, ceux que j'appellerais les vrais enclos. Car il y a les faux enclos ; et je ne saurais montrer ce qu'ils sont, d'une manière plus frappante, qu'en laissant parler les « Délégués de l'Hallali de Pertuis » qui, à propos d'un congrès tenu récemment à Vaison (Vaucluse), écrivent dans le numéro d'août de la « Solidarité agricole et cynégétique, publiée à Albi : « Nous trouvons qu'il est surtout déplorable qu'on puisse, même pendant la période de repeuplement, tuer, dans les enclos, des Oiseaux qui ont leurs nids pleins d'œufs ou pleins de petits ; qu'il suffise d'enclore de quelques fils de fer un lopin de terre attenant à une bicoque, meublée pour la circonstance d'un lit de camp, d'une chaise et d'une table comme simulacres d'habitation, pour jouir des privilèges exorbitants attribués aux enclos. » ... Et ce sont des chasseurs au poste qui parlent ainsi (1)! Je n'ajouterai rien, tant cette phrase est éloquente.

Cherchons donc à atteindre les faux enclos, en préservant les bons : supprimer l'article 2 et établir en même temps les tierceliers me paraît une combinaison acceptable ; si le projet des tierceliers n'était pas pris en considération, il faudrait, de toute évidence, chercher une autre solution. Devrons-nous abandonner l'obligation d'un permis pour le cas spécial des enclos, et en venir à ce que demandent les chasseurs de Pertuis dans cette phrase : « Chasser sans permis en temps de chasse ouverte, nous paraît, pour les enclos, un privilège largement suffisant ; le reste est intolérable et doit être supprimé » ? Ce me semble une demi-mesure que je n'adopterais qu'en dernière analyse.

(1) « C'est pourquoi j'ai dit qu'il fallait préciser que l'enclos devrait être attenant à un immeuble *habituellement* et *normalement* habité, sinon à un domicile, du moins à une « résidence » légale. »   E. A.

En ce qui concerne les canots automobiles, ia définition « canots automobiles pour la chasse », n'est, je le reconnais, pas assez explicite. Il faudrait dire, peut-être : « canots automobiles qui seront employés à la chasse », et exiger la déclaration du propriétaire, avec les sanctions prévues dans des cas analogues.

Le prince d'Arenberg, je le vois avec plaisir, qualifie les armes à répétition d' « outils anti-sportifs », et demande qu'ils soient interdits, aussi bien contre le gibier de terre que contre le gibier d'eau. A propos de Browning ou Winchester, le prince d'Arenberg constate que ces armes à 5 ou 6 coups ne font pas plus de mal que la paire de fusils à 2 coups généralement employée en battue. Certes, mais quelques-uns de nos grands fusils emploient maintenant une paire de... Browning, et avec cela, ainsi que le disait négligemment l'un d'eux : « on peut faire du dégât (1) ».

Le Chat et le Chien doivent être sévèrement surveillés, la cause paraît bien er tendue maintenant (2); mais sur la manière d'agir les avis diffèrent. J'avais, pour les Chiens, repris la médaille, impôt indirect et annuel par conséquent, comme la plaque de bicyclette, par exemple. Elle donne, paraît-il de bons résultats à l'étranger et dans les villes qui l'ont adoptée. Dans les cas cités par le prince d'Arenberg, la marque proposée par lui serait certainement supérieure en pratique : elle entraînerait seulement une petite modification de règlement, puisqu'elle ne serait pas renouvelable annuellement, et devrait être vérifiée sur l'animal regardé de près. Prenons donc la marque à l'oreille pour la chasse et les Chiens de service, gardons la médaille pour la ville et le Chien de luxe. J'abandonne volontiers la taxe double sur les Chiennes, que j'avais retrouvée parmi les vœux du « Congrès de protection des animaux » de l'an dernier et l'exemption d'impôt pour les Chiennes de race qui, je le vois, serait assez difficile à mettre en œuvre.

Quant aux Chats, il semble qu'il soit moins facile encore de les recenser. La coupe rase des oreilles mériterait d'être reprise et éprouvée sur de nombreux sujets, car elle paraît pouvoir fournir une solution du problème. J'avais insisté pour l'impôt et le collier, en citant l'exemple du canton de Vaud. Y a-t-il d'autres marques ? Je vois dans le dernier numéro de l' « Ornithologische Monatsschrift », organe de la Société allemande de protection des Oiseaux, que la ville de Coswig, dans le duché d'Anhalt, vient d'être autorisée à mettre un impôt sur les Chats : l'impôt frappe les Chats d'au moins quatre semaines, le premier Chat paye

(1) « Ces grands fusils, excessivement peu nombreux, n'utilisent deux Browning que dans de grandes battues d'élevage ; or le gibier, d'élevage n'appartient qu'à son éleveur qui n'a de compte à rendre à personne. »

E. A.

(2) Des vœux demandant une marque d'identification ou le port officiel de la médaille viennent d'être adoptés au dernier congrès international de Pathologie comparée,

3 marks, les suivants chacun 6 marks. « Minet, dit la note, va donc être obligé de porter la marque de l'impôt, comme son ennemi intime, le Chien. »

*
* *

Toujours à propos de réglementation, M. Paul Bellette, notre délégué pour le Nord, que ses fonctions de directeur du Musée de Douai ont plus spécialement intéressé au Permis du Naturaliste, nous écrit : « Quant au Permis de Naturaliste, puisque le titulaire aura le droit de piéger, pourquoi lui autoriser l'usage d'un fusil de gros calibre avec lequel il pourrait ne pas résister à la tentation de tirer le gibier, et ne pas lui imposer une arme d'un calibre de 12 millimètres au maximum, bien suffisant pour les Oiseaux et les petits mammifères. De plus, ne pourrait-on exiger que l'arme dont il se servira comme Naturaliste porte, gravée sur le canon, la mention suivante, par exemple :

« *Ministère de l'agriculture, Permis de Naturaliste, N°....., Monsieur....,* *à X.....*

« Le numéro inscrit serait celui du permis ; ce serait pour le naturaliste qui devra faire ses recherches en toute saison et en tous lieux, une garantie contre les vexations de gardes et agents de la loi qui, à la seule inspection du fusil, sauront à qui ils ont à faire. »

L'idée est à retenir, et, pour la marque de l'arme dont se servira le porteur du Permis de Naturaliste, on pourrait peut-être remplacer la gravure du canon par une plaque posée sur la crosse. La limitation du calibre serait également désirable, la carabine (plomb ou balle) peut suffire et est plus silencieuse.   A. C.

TROIS DOCUMENTS OFFICIELS

UNE DÉCISION DU CONSEIL D'ÉTAT

Au mois d'octobre dernier, M. de Joly, préfet des Alpes-Maritimes, prenait un arrêté pour interdire, en tout temps, la chasse des petits Oiseaux. Cette énergique mesure amena, comme bien l'on pense, la plus vive agitation dans les sociétés dont les membres « se livrent habituellement à la chasse des petits Oiseaux »; cette agitation prit corps sous forme d'une requête au Conseil d'État, présentée par M. Bottin, président de l'une de ces sociétés. La requête vient d'être rejetée, et cette haute décision à une telle importance pour nous que nous en reproduisons le texte intégral. On y verra, bien mise en lumière, la Convention de 1902 qui, rappelle le jugement, a « force exécutive » en France depuis le décret de décembre

1905. Marquons aussi les observations présentées par le Bureau du Contentieux du Service des Eaux et Forêts du Ministère, qui, consulté par le Conseil d'État, a donné une réponse dont le poids a fortement pesé dans la balance. Nous applaudissons à cette intervention du Ministère, qui vient également d'envoyer aux Directeurs des services agricoles (ce sont les anciens Professeurs départementaux) une circulaire — nous en donnons ci-dessous le texte — qui doit avoir les plus heureuses conséquences. Nous avons en M. Clémentel un ministre à qui les petits Oiseaux ne sont pas indifférents ; il le prouve encore par la réponse qu'il a faite à M. Reboul, député de l'Hérault, au sujet des Sansonnets, et dont nous parlons plus loin.

Les Alpes-Maritimes sont dans le sud-est, l'Hérault au sud : espérons que M. Clémentel n'oubliera pas le sud-ouest, où il y a tant à faire.

TEXTE DE LA DÉCISION DU CONSEIL D'ÉTAT

Au nom du peuple français,

Le Conseil d'Etat, statuant au contentieux,

Sur le rapport de la 2ᵉ sous-section du contentieux,

Vu la requête présentée par le sieur Bottin (Ferdinand), demeurant à Nice, rue Cassini, nº 13, agissant en son nom personnel et en tant que besoin comme vice-président de la Société de chasseurs de Nice et des Alpes-Maritimes, ladite requête enregistrée au Secrétariat du Contentieux du Conseil d'Etat, le 28 novembre 1912, et tendant à ce qu'il plaise au Conseil annuler la disposition de l'article 8 de l'arrêté du préfet des Alpes-Maritimes du 25 octobre 1912 qui a interdit : « en tout temps, même lorsque la chasse est ouverte, la chasse, la destruction, la capture, l'importation, l'exportation, le transport, le colportage, la mise en vente et l'achat...., de tous les petits Oiseaux d'une taille inférieure à celle de la Caille, de la Grive, y compris le Merle, l'Alouette, l'Ortolan, le Moineau, le Loriot, le Pinson, le Linot, le Verdon et la Pie-grièche dont la chasse était précédemment autorisée ;

Ce faisant attendu que quand l'exposant a pris un permis de chasse le 23 septembre 1912, l'arrêté préfectoral du 31 juillet 1912 relatif à l'ouverture de la chasse et alors en vigueur permettait la chasse du Merle, de l'Alouette, de l'Ortolan, du Moineau, du Loriot, du Pinson, du Linot, du Verdon et de la Pie-grièche ; que c'est au cours de la période de chasse, à la date du 25 octobre 1912, qu'un nouvel arrêté préfectoral, modifiant le précédent, a interdit la chasse de ces Oiseaux même en période d'ouverture de la chasse ; que cet arrêté a ainsi privé illégalement le requérant, qui se livre spécialement à la chasse des petits Oiseaux, d'un droit sur lequel il pouvait compter lorsqu'il s'est fait délivrer un permis de chasse ;

Vu l'arrêté attaqué ;

Vu les observations présentées par le Ministère de l'Agriculture en réponse à la communication qui lui a été donnée du pourvoi desdites observations enregistrées comme ci-dessus le 15 janvier 1913 et tendant au rejet de la requête par les motifs : que l'obtention d'un permis de chasse ne dispense pas le bénéficiaire de se conformer à toutes les conditions imposées, soit par les lois sur la police de la chasse, soit par les arrêtés préfectoraux pris en exécution de ces lois ; que le droit des chasseurs qui prennent leur permis au début de l'année peut se trouver restreint par la fermeture anticipée de la chasse de certaines espèces de gibier en vertu de la loi du 16 février 1898 ; que déjà l'article 9 de la loi du 3 mai 1844 modifié par celle du 22 janvier 1874 attribuait aux préfets le droit de prendre des arrêtés pour prévenir la destruction des Oiseaux ou pour en favoriser le repeuplement ; que la Convention internationale de Paris du 19 mars 1902, approuvée pour la France par la loi du 30 juin 1903, a établi le principe d'une protection absolue et permanente des Oiseaux utiles à l'agriculture dont elle a dressé une liste qui, suivant les dispositions de cette convention, peut être complétée par la législation de chaque pays ; qu'en France, en vertu de l'article 9 précité de la loi du 3 mai 1844, c'est par voie d'arrêtés préfectoraux qu'il peut être ajouté des espèces d'Oiseaux à cette liste ; que le préfet des Alpes-Maritimes a donc en l'espèce agi légalement dans la limite de ses pouvoirs ;

Vu les autres pièces produites et jointes au dossier;

Vu les lois du 3 mai 1944, 22 janvier 1874, 16 février 1898, vu la loi du 30 juin 1903 et le décret du 19 décembre 1905 approuvant et donnant force exécutive en France à la convention internationale signée à Paris le 19 mars 1902;

Vu l'arrêté du préfet des Alpes-Maritimes du 31 juillet 1912 ;

Vu les lois du 7-14 octobre et 24 mai 1872 (art. 9);

Ouï M. Lacroix, maître des Requêtes en son rapport ;

Ouï, M. Blum, maître des requêtes, commissaire du gouvernement en ses conclusions;

Considérant que l'usage des permis de chasse est subordonné, en vertu des dispositions de l'article 9 de la loi du 3 mai 1844, à l'observation par les porteurs de ce permis des lois, décrets et arrêtés sur la police de la chasse ;

Considérant qu'en interdisant par la disposition attaquée de son arrêté du 25 octobre 1912 la chasse de plusieurs espèces de petits Oiseaux, qui était autorisée par l'arrêté précédent, le préfet des Alpes-Maritimes n'a fait qu'user du droit que lui conférait la loi du 22 janvier 1874 et appliquer la convention internationale du

19 mars 1902 approuvée par la loi du 30 juin 1903 et relative à la protection des Oiseaux utiles à l'agriculture, et que la circonstance que le permis de chasse du requérant lui avait été délivré dans le département des Alpes-Maritimes sous l'empire d'une réglementation permettant la chasse de certaines catégories de petits Oiseaux que le dernier arrêté a prohibée ne pouvait faire obstacle au droit du préfet de modifier à toute époque cette réglementation dans la limite des pouvoirs qu'il tient des textes précités ;

Décide :

ARTICLE PREMIER. — La requête du sieur Bottin est rejetée.

ART. 2. — Expédition de la présente décision sera transmise au Ministère de l'Intérieur.

(Suivent les noms des conseillers ayant siégé, puis les signatures.)

UNE CIRCULAIRE DU MINISTÈRE DE L'AGRICULTURE

TEXTE DE LA CIRCULAIRE MINISTÉRIELLE AUX DIRECTEURS DES SERVICES AGRICOLES

RÉPUBLIQUE FRANÇAISE

Paris, le 8 juillet 1913.

Le ministre de l'Agriculture
à Messieurs les Directeurs des services agricoles.

L'attention de mon département a été appelée, à différentes reprises, sur l'utilité qu'il y aurait à faire mieux connaître au public les dégâts, se chiffrant par millions, que la multiplication des insectes dont se nourrissent les Oiseaux utiles cause à l'agriculture.

L'importance de cette question ne vous échappera pas, la vulgarisation des notions sur l'utilité des Oiseaux insectivores devant puissamment faciliter l'observation par les populations des lois et règlement qui protègent ces mêmes Oiseaux.

Dans ces conditions, je vous serais obligé de bien vouloir, par tous moyens qui vous paraîtront satisfaisants (cours, conférences, etc.), éclairer l'opinion publique sur les dégâts causés par les insectes, et, partant, sur la nécessité absolue de respecter et de protéger les Oiseaux utiles.

Pour le ministre et par autorisation,
le Directeur de l'Enseignement et des services agricoles,
Signé : BERTHAULT.

Les Professeurs départementaux d'agriculture — appelés maintenant Directeurs des Services agricoles — font des cours spéciaux aux élèvesinstituteurs des écoles normales, ils organisent des champs d'expériences, se tiennent en rapport constant avec les Sociétés agricoles de leur département et donnent des conférences aux agriculteurs dans la campagne. L'action des Directeurs des Services agricoles s'étend donc sur toute la France, et l'on comprend aussitôt quels énormes résultats peut avoir, pour nos petits Oiseaux, la circulaire de M. le Directeur de l'Enseignement et des Services agricoles. Nous ne saurions trop faire pour appuyer ce mouvement, et MM. les Directeurs des Services agricoles sont assurés de tout le concours de notre Ligue. Notre collection de clichés est, dès maintenant, à leur disposition pour illustrer leurs conférences.

RÉPONSE DU MINISTRE A UN DÉPUTÉ

Le ministre de l'Agriculture, répondant à une question de M. Reboul, député de l'Hérault, au sujet de la chasse au Sansonnet, dit que cet Oiseau, étant classé par la Convention de 1902 parmi les Oiseaux utiles — liste n° 1 — ne peut être chassé à aucune époque de l'année. Le ministre ajoute que, si les Sansonnets, en grandes troupes, commettaient des dégâts dans certaines cultures au moment des fruits, ils pourraient alors être chassés par autorisation spéciale; mais que, dans aucun cas, les Oiseaux tués ne pourraient être mis en vente.

Cette dernière prescription est à retenir; elle devrait être étendue à tous les cas semblables pour écarter les demandeurs qui, sous prétexte de défense, ne cherchent qu'à fusiller tous les Oiseaux, sans distinction d'espèce. Si la vente et le recel étaient sévèrement poursuivis, les massacres auraient bientôt cessé.

Le Gérant : A. MARETHEUX.

Paris. — L. MARETHEUX, imprimeur, 1, rue Cassette.

BULLETIN DE LA LIGUE FRANÇAISE

POUR LA

PROTECTION DES OISEAUX

FONDÉE PAR LA

SOCIÉTÉ NATIONALE D'ACCLIMATATION DE FRANCE

A PROPOS DU MOINEAU

Par LOUIS TERNIER

Je viens de lire, dans une revue illustrée, un article sur la question du Moineau. Ce petit commensal de nos habitations y est fort malmené, et, pour justifier son inimitié contre le Moineau, l'auteur s'appuie sur un ouvrage récemment publié par M. Paul Noël, qui, paraît-il, connaît admirablement les bêtes et en particulier le Moineau, qu'il a particulièrement étudié. J'ai étudié aussi le Moineau depuis bien des années, et si je suis d'accord avec M. Noël, son adversaire, sur beaucoup de points de son histoire, je crois qu'il a été parfois un peu injuste envers lui. En tout cas, il me paraît avoir fait des calculs que je ne saurais admettre sans réserve quand il parle des dégâts causés par les Moineaux aux récoltes et de ceux causés par les vers blancs, que détruit le Moineau, à ces mêmes récoltes.

M. Noël admet que le Moineau est insectivore, mais par accident seulement, et il prétend que c'est surtout et presque exclusivement au Hanneton qu'il s'attaque, seulement au moment de la saison hannetonnière.

M. Noël établit par le calcul suivant que le Moineau cause beaucoup plus de dégâts qu'il ne fait de bien à nos récoltes. Suivant lui, un Moineau ne mangerait, pendant la saison, que 80 Hannetons, il ne s'attaquerait qu'à ceux qui volent, lesquels comprennent à peine une femelle sur cent, aussi la femelle du Hanneton ne pondant guère que 30 œufs, un Moineau ne détruirait que 30 futurs Vers blancs.

En prenant comme exacts ces chiffres que cependant rien ne vient justifier d'une façon bien positive, il nous est impossible d'admettre ce que dit ensuite M. Noël à propos des dégâts commis par les Vers blancs. Il aurait calculé que les dégâts annuels de cent Vers blancs s'élèveraient seulement à la somme de 0 fr. 05, soit un sou.

M. Noël habite, paraît-il, dans la Seine-Inférieure, moi j'habite en face dans le Calvados. Or, je sais pertinemment, puisque je suis quelque peu horticulteur dans le Calvados et agriculteur à côté, dans l'Eure, où j'ai des propriétés, que cent Vers blancs détruisent pour plus d'un sou de légumes ou de céréales. Un ver blanc opérant sur un plant de fraisiers, par exemple, commence par attaquer un pied et le faire mourir, il passe alors au pied voisin et le tue de même. Cent vers blancs, vivant à proximité de jardins où on cultive le fraisier comme on le fait chez nous, détruisent donc plusieurs centaines de pieds de fraisiers, qui rapporteraient certainement à leur propriétaire plus d'un sou ! Et les Vers blancs attaquent aussi d'autres plantes encore plus précieuses que le fraisier.

Dans les champs de blé, les Vers blancs ne font pas périr qu'une tige garnie d'épis, ils contaminent le champ entier. Aussi je crois bien que peu d'horticulteurs et de cultivateurs consentiront à admettre les données de M. Noël comme exactes. Il y a, suivant lui, 800.000 Moineaux en Seine-Inférieure qui, détruisant chacun une femelle de Hanneton (??), soit 30 œufs de vers blancs, sauveraient seulement pour 6.000 francs de fraisiers et de salades. Ils sauvent ainsi du blé, mais c'est pour M. Noël négligeable. Quant aux autres insectes, le Moineau n'en détruirait que tout à fait accidentellement, son bec court et trapu lui défendant d'être insectivore. J'ai déjà dit ici que le Moineau n'est insectivore que par occasion, surtout au moment de la reproduction et que, pour ma part, je ne l'ai jamais vu manger les Chenilles quand elles ont attaqué mes carrés de choux, mais je crois que M. Noël diminue un peu trop la part qui revient au Moineau comme destructeur d'insectes, de même qu'il exagère certainement celle qu'il lui attribue comme consommateur de blé et de céréales. Les 800.000 Moineaux de la Seine-Inférieure coûteraient, suivant lui, à ce département près de 1 million trois cent mille francs de bourgeons de blé et autres graines. Pour ma part, je n'ai pas souvent vu les Moineaux entrer, comme l'avance M. Noël, dans les granges en nombre suffisant pour y commettre des dégâts bien importants et je ne vois pas trop comment les Moineaux pourraient trouver du blé à consommer depuis septembre jusqu'à *avril*.

Le Moineau franc est surtout un habitant des villes où il se nourrit surtout sur le crottin dans les rues et de graines diverses dans les jardins. Aux champs, il est plutôt rare, du moins dans les récoltes de mes fermiers, et pas commun du tout dans mes granges.

Par contre, j'en possède une forte colonie sous le toit de mon habitation et si je considère ces Oiseaux comme des parasites quelquefois gênants, les observations que j'ai faites sur les dégâts qu'ils commettent dans les récoltes des jardins fort importants de ma commune ne se chiffrent pas par des sommes très considérables.

Je crois que le Moineau est plutôt un peu nuisible qu'utile, cependant on ne doit pas, quand il ne pullule pas trop, le considérer nécessairement comme un fléau et demander son extermination. On peut admettre qu'on limite le nombre des Moineaux, mais les détruire tout à fait serait, à mon avis, excessif. Le Moineau a droit à une protection relative, ne serait-ce que parce que c'est un Oiseau, et que tous les Oiseaux, même ceux qui nous causent quelques dégâts, sont tellement intéressants à beaucoup de points de vue que tous ont droit à l'existence et à notre respect.

ARBRES, ARBRISSEAUX ET PLANTES

POUVANT FOURNIR DES FRUITS OU DES GRAINES

AUX OISEAUX (1)

Par J. POISSON,

Assistant au Muséum d'Histoire Naturelle.

Le sujet que la Ligue pour la protection des Oiseaux a bien voulu me charger d'ébaucher, c'est-à-dire d'indiquer les arbres et les arbustes à fruits ou à graines que les Oiseaux sauvages recherchent, paraît fort simple *a priori*, mais, dans la pratique, il présente quelques difficultés de recherches et d'observations.

On sait que les plus intéressants de ces Oiseaux pour l'agriculture, et j'ajouterai pour l'hygiène, sont les insectivores. Quelquefois, ils se nourrissent de fruits ou de graines quand ils abondent et que, par une fâcheuse coïncidence, les insectes diminuent; mais c'est l'exception, car ils se contentent rarement et exclusivement d'aliments végétaux. Nombre d'espèces, comme les Sylvies, groupe dans lequel rentrent tous les genres de Fauvettes, sont dans ce cas. Je passerai sous silence les Hirondelles et les Martinets, quoiqu'ils soient d'une importance capitale, ne prenant pour nourriture que des extrêmement petits : Cousins ou Moustiques, Culicides, Anophèles et bien d'autres encore. Les Mésanges sont un peu comme les Fauvettes quoiqu'elles soient plus carnivores ; quand elles manquent d'insectes, elles s'attaquent aux fruits des Lentisques et des Figuiers dans le Midi, et même, d'après Gerbe, aux Olives desséchées, aux fruits des Tilleuls, des Hêtres, des Charmes, etc. Peut-être, dit-il, ne serait-ce pas pour y chercher les insectes qui y habitent? Cet argument plein de réserve et de prudence est louable.

Il est probable que c'est par accoutumance que maints Oiseaux sont frugivores, et par le manque d'insectes qu'ils doivent préférer ; à moins d'être omnivores comme le sont les Merles, les Etournaux, les Corbeaux et les Pies, et même le

____

(1) Communication faite à la séance d'avril de la Section de Botanique de la Société d'Acclimatation.

vulgaire Moineau sur lequel on a dit les choses les plus con-
tradictoires, en le taxant de déprédateur à cause des dégâts
qu'il fait aux récoltes, tandis que d'autres observateurs le considèrent comme une espèce utile, mangeant des insectes et des
larves Si, dans le voisinage de ces passereaux, vient à voleter
un Hanneton ou un Papillon, vivement ils le poursuivent
comme étant un vrai régal. Un Lombric ou une Chenille de
petite taille ne leur déplaisent pas, car la proie qui s'agite a
un attrait que n'a pas celle qui reste inerte. Quand les moissons et les fruits ne sont pas mûrs, le Moineau est insectivore ;
ses habitudes changent avec le milieu.

Sans entrer davantage dans des considérations éloignées du
sujet principal de cette note, j'appellerai cependant l'attention
de la Ligue sur ce point qui a son importance, c'est que l'augmentation des végétaux dont les produits peuvent être recherchés des Oiseaux, occasionnellement peut-être, à beaucoup
moins d'opportunité que l'interdiction absolue et immédiate
de la chasse criminelle qu'on leur fait. Il sera facile d'en établir la preuve ; si le nombre des Oiseaux a considérablement
diminué, est-ce l'augmentation de nourriture qui en accroîtra
la quantité? Assurément non, puisque les consommateurs
vont en diminuant. Ce qu'il y a de plus pressé, c'est d'empêcher
l'extermination d'abord et de penser à garnir le buffet ensuite.
Certainement l'on déboise plus que l'on ne reboise ; la terre, en
forêt, rend moins qu'en cultures dont les produits trouvent
acheteurs promptement et avec avantages. C'est ainsi qu'en
Provence on fait beaucoup de fleurs pour l'exportation, et l'on
déboise, mais surtout on étend la vigne d'une façon prodi-
gieuse également aux dépens de la forêt ; cette contrée est à la
veille d'être un des plus importants vignobles français.

Quoi qu'il en soit, cette proposition de la Ligue pour la protection des Oiseaux aura un excellent résultat en ce qu'elle
fera planter des arbres et des arbustes alors qu'on les détruit
trop, ce qui fait tarir les sources, ceci n'est pas douteux, et
d'autre part, ce qui n'est pas à dédaigner, le bois de certaines
espèces est recherché comme bois d'œuvre : Merisiers, Sorbiers, Alisiers et d'autres encore ; sans oublier les Tilleuls et le
Robinier, si on les acceptait, en faisant abstraction de ceux qui
ne seraient utilisables que comme combustible.

La difficulté de dresser une liste complète des végétaux

recherchés par les Oiseaux en France est qu'on n'y a pas songé jusqu'ici et, comme il s'agit d'observations exactes qui n'ont été faites qu'occasionnellement, il est urgent de vérifier celles qui ont été publiées çà et là, puis de s'aider des connaissances des chasseurs et des naturalistes sur ce sujet.

Le plus souvent, les Oiseaux, suivant leurs besoins plus ou moins pressants, se contenteront de fruits médiocres qu'ils négligeront s'ils ont un choix d'espèces variées, c'est pourquoi on ne peut dire quelles sont leurs préférences à coup sûr.

J'ai cru bien faire en dressant une liste, par familles, d'arbustes dont on pourra se procurer des spécimens dans le commerce s pépiniéristes, ou des semences chez les marchands grainiers.

J'ai suivi l'ordre de de Candolle pour l'énumération des familles et des genres désignés.

BERBÉRIDÉES. — Les *Berberis* ou Epine-vinette ont des fruits bacciformes dont on fait des confitures. Toutefois, comme ces arbrisseaux sont très sujets à prendre un Champignon parasite, *Æcidium Berberidis*, qui propage la rouille aux céréales, il serait sage de s'abstenir d'en planter. Mais comme un sous-genre des *Berberis*, les *Mahonias*, n'est pas atteint par le parasite, on pourrait le propager, car on a des preuves que ses fruits sont mángés par les Faisans, et peut-être par d'autres volatiles. Très recommandé comme arbuste de sous-bois.

AMPÉLIDÉES. — Nous ne connaissons guère dans cette famille que le fruit de la Vigne dont tous les Oiseaux sont friands. On a vu des Merles manger des fruits de Vigne-vierge, mais cette espèce n'est pas à recommander.

ILICINÉES. — Les fruits charnus du Houx sont purgatifs. Nous n'avons pas connaissance qu'ils soient recherchés des Oiseaux ; mais à cause de leurs propriétés énergiques en thérapeutique, il vaut mieux s'abstenir.

RHAMNÉES. — Les *Rhamnus* ou Nerpruns ont été signalés comme étant comestibles pour les Oiseaux, mais ce sont des végétaux très purgatifs dont il vaut mieux ne pas faire usage en la circonstance.

TÉRÉBINTHACÉES. — En Provence, les fruits du Pistachier-Lentisque passent pour être mangés par certains Oiseaux et notamment par les Bouscarles ou Mésanges.

ROSACÉES. — Tous les fruits à drupe de cette famille :

Pêcher, Abricotier, Prunier, Cerisier et même le Sainte-Lucie et le Cerisier à grappe sont plus ou moins recherchés des Oiseaux.

De même les fruits à baies des Rosacées *Mespilus Cotoneaster*, *Sorbus* sont dans le même cas. Enfin, l'on n'ignore pas que les Fraises et surtout les fruits des Ronces sont une ressource pour beaucoup d'Oiseaux.

MYRTACÉES. — La seule Myrtacée des régions tempérées est le Myrte commun qui croît dans le Midi et la Corse. Les Grives, les Merles et les petits Oiseaux recherchent ses fruits.

GROSSULARIÉES ou RIBÉSIACÉES. — Les fruits de la plupart des espèces de Groseilliers, les *Ribes alpinum, americanum, aureum, fragans*, enfin les groseilliers à fruits rouges et blancs, et même les groseilles à maquereau, quand les fruits sont bien mûrs, ne sont pas épargnés dans nos jardins et nos cultures.

CORNÉES. — Le *Cornus mas* (Cornouiller) de nos bois a des fruits acides, mais qui perdent un peu cette acidité au moment de la maturité et qui sont mangés par quelques Oiseaux. J'ignore si le Cornouiller sanguin est consommé, et je ne me prononcerai pas non plus sur les fruits charnus des *Aucuba* du Japon.

ARALIACÉES. — Le seul genre *Hedera* ou Lierre habite nos contrées tempérées. Ses fruits sont mangés par les Merles et les Grives. Cependant le Lierre est quelque peu toxique, peut-être pas pour les Oiseaux.

VISCÉES. — Le *Viscum album* ou Gui a des fruits qui sont mangés par les omnivores, et ce sont les Pies et les Grives qui en répandent les graines sur les Peupliers et les Pommiers principalement. On ne peut engager à multiplier le Gui qui épuise les arbres sur lesquels il est implanté.

CAPRIFOLIACÉES. — Les fruits de plusieurs espèces sont recherchés par les Oiseaux. Les Sureaux : *Sambucus nigra* et *S. Ebulus* et le *S. racemosa*; les *Virburnum Lantana* ou Mansiène et *V. Opulus* ou Obier, ont des fruits qui, dans certaines contrées de l'Europe, servent d'appât pour prendre les Oiseaux au filet, ce qui indique qu'ils sont appréciés.

Il est probable que les fruits de *Lonicera* (Chèvrefeuille) sont susceptibles d'être consommés par les Oiseaux, au même titre que les précédents.

VALÉRIANÉES. — On peut penser que les fruits des Valérianes sont comestibles pour les Oiseaux. Le genre voisin, *Valeria-*

nella (Mâches, Boursette) existe dans toutes les moissons en plusieurs espèces qui sont recherchées des Alouettes, Cailles, Perdreaux, etc.

DIPSACÉES et COMPOSÉES. — Les achaines des *Dipsacus* et des Scabieuses sont assurément consommés par les Oiseaux, de même que les achaines ou graines des Composées. On sait que les semences oléagineuses des Carduacées, section de cette famille, sont fort-estimées des petits Oiseaux, ce qui a valu aux Chardonnerets leur nom. Dans la section des Corymbi-fères, beaucoup d'espèces pourraient être utilisées, comme le Grand Soleil notamment, servant à la nourriture de la volaille.

VACCINÉES et ERICACÉES. — Dans ces deux familles insépa-rables, nous avons les Myrtilles ou Cranberries appartenant aux genres *Vaccinium* et *Oxycoccus*; qu'elles soient d'Europe ou d'Amérique du Nord, leurs fruits sont mangés par nous, crus ou en confitures; les Oiseaux les consomment aussi bien dans les deux régions. L'Arbousier (*Arbutus Unedo*), arbre ou ou arbrisseau du midi de la France et de la Corse, produit des fruits ayant la forme de fraises. Il peut se cultiver en Bretagne et à partir de Tours, en allant vers le Midi. On fait, en Pro-vence, des confitures de ses fruits, lesquels sont mangés par tous les Oiseaux.

OLÉACÉES. — L'Olivier dans le Midi est recherché de quel-ques Oiseaux et principalement des Pinsons.

Les Troënes (*Ligustrum*) sont précieux. Les fruits de la plu-part des espèces, sinon de toutes, sont estimés des Oiseaux. M. Maurice de Vilmorin a constaté qu'ils avaient une préfé-rence pour le *L. Ibota*.

SOLANÉES. — Dans cette famille, beaucoup d'espèces ont des fruits charnus et mangeables : *Solanum* (quelques espèces), *Lycopersicum*, *Lycium*, *Physalis*, etc.; mais les Oiseaux sau-vages les mangent-ils? Ils ne paraissent pas recommandables.

PLANTAGINÉES. — Les Plantains, dans les terres cultivées où ils viennent de préférence, ont des graines fort goûtées du petit gibier à plumes.

AMARANTACÉES et CHENOPODÉES. — Les graines des Ama-rantes, et plus encore des Chénopodes sont recherchées des Oiseaux. On a fréquemment l'occasion de voir leur estomac rempli de graines d'espèces de ces deux familles de plantes, qui abondent dans les cultures mal sarclées.

POLYGONÉES. — Les *Polygonum* et les *Rumex* partagent également le succès des précédentes. Les Aviculaires, Persicaires, Sarrazin, les Oseilles sauvages et cultivées ont des graines féculentes au premier chef.

URTICÉES. — Toutes les graines des Orties, si elles étaient moins menues, seraient comestibles pour les petits Oiseaux ; ceux qui sont en cage ne les refusent pas.

CELTIDÉES. — Les fruits demi-charnus des *Celtis* ou Micocouliers sont recherchés en fin d'automne par les Merles et les Pigeons-Ramiers. Ces beaux arbres, pour reprendre avec certitude, ont besoin d'être contreplantés très jeunes.

ELEAGNÉES. — Sûrement les fruits des *Hippophae* (Argousier) et des *Elæagnus* (Chalef) sont mangés par les Oiseaux.

MORÉES. — Les fruits bien mûrs des Mûriers sont estimés de certains Oiseaux. Les Figues sont dans le même cas; elles sont, dans le Midi, fréquentées par les Bec-figues, les Geais, Merles, Pies, Perdreaux et Mésanges.

CANNABINÉES. — Les Chènevières, lors de la maturité du Chanvre, sont visitées par les Oiseaux de la plaine.

CUPULIFÈRES. — Les Hêtres (*Fagus*), Châtaigniers (*Castanea*), Chênes (*Quercus*), Noisetiers (*Corylus*) et les *Ostrya* dans le Midi sont toujours les bienvenus. Si leurs fruits ou graines ne sont pas toujours, par leur volume, facilement mangés par les petites sortes d'Oiseaux, ils contribueront au boisement si nécessaire; mais encore ces arbres doivent donner asile à une faune, spéciale pour chaque espèce, dont les insectivores profiteront. Enfin la valeur de leur bois n'est pas à négliger.

CONIFÈRES. — Les semences de Pin et de Sapin qui tombent à terre après l'ouverture de leurs cônes sont mangées par les Perdreaux, les Tourterelles et les Pigeons-ramiers.

Les Genèvriers sont visités par les Merles et les Grives.

Des Ifs ou *Taxus* nous ne parlerons pas; la nocivité de leurs feuilles et de leurs fruits est indiscutable. La cupule charnue, rouge et sucrée qui entoure incomplètement la semence étant seule comestible, il faut donc se dispenser de planter des Ifs.

MONOCOTYLÉDONES. — Parmi les Monocotylédones, nous remarquons quelques familles de plantes ayant des fruits charnus et d'apparence comestible; dans les Liliacées, Dioscorées et Aroïdées. Mais, après recherche, nous avons constaté que la plupart contiennent des principes plus ou moins toxiques et qu'il vaut mieux ne pas en tenir compte.

Tout le monde sait que les Céréales et toutes les semences des Graminées sont recherchées du gibier à plumes et à poils. Les Cypéracées, quoique ayant des semences amylacées sont beaucoup moins fréquemment mangées que les précédentes.

Après avoir terminé cette énumération, je demanderai à poser aux ornithologistes une question. En considérant de beaux arbres comme les Tilleuls et les Robiniers dont le bois est estimé dans l'industrie et qui donnent d'abondantes fleurs parfumées, je me suis demandé s'il y aurait avantage à les multiplier? Leurs fleurs sont très visitées par les insectes à cause du nectar qu'elles produisent. Les Oiseaux de petite taille sont-ils incités à chasser à leur tour parmi ces fleurs, attirés par les insectes qui recherchent la matière sucrée? On comprend l'importance de cette question qui amènerait un boisement utile et fournirait une provision d'insectes abondante.

Après la communication de M. Poisson, M. Maurice de Vilmorin et M. Bois, président de la Section de botanique, insistent sur l'importance des arbres du groupe des Rosacées : *Crataegus*, *Sorbus* (Allouchier, Aubépine, Sorbier), *Coloneaster* (Néflier cotonneux), même des Pommiers microcarpes ou à petits fruits.

*

M. Frédéric Hugues, dans sa propriété des environs de Saint-Quentin, a fait, depuis longtemps, de nombreux essais. Il a planté plusieurs petits bois, ou garennes, spécialement aménagés pour la reproduction et le nourrissage des Oiseaux ; il communique, en séance, les observations suivantes :

L'Aubépine, dont les touffes sont espacées de 5 en 5 mètres, donne des fruits qui durent tout l'hiver. Ils sont mûrs dès le mois d'octobre et on en trouve encore en mars et avril. Presque tous les Oiseaux en sont très friands, principalement les Merles et les Grives. M. Hugues, ayant voulu se rendre compte du nombre de Merles qu'il attirait dans ses plantations, a fait battre trois de ses garennes, d'une superficie chacune d'environ un demi-hectare; on a levé dans une des garennes 25 Merles, 50 dans une seconde et environ 60 dans la troisième.

Les fruits de l'Aubépine sont une ressource précieuse aussi pour la plupart des petits Oiseaux.

Des *Mahonia* ont été plantés sous des Pins noirs, dégarnis pour cela de leurs branches basses. Les fruits sont mûrs en août. Les Merles et les Grives les consomment en grande quantité sans aucun inconvénient; les autres Oiseaux ne paraissent pas y faire attention.

Les Sorbiers, les Alisiers, le Sainte-Lucie sont aussi très appréciés.

Parmi les arbrisseaux exotiques, le Goumi du Japon donne des fruits très jolis et très nombreux qui semblent avoir été délaissés jusqu'ici par les Oiseaux.

Les *Cotoneaster*, plantés à Fayet, sont dans le même cas, les Oiseaux ne s'y attaquent pas encore; mais d'autres espèces à fruits plus doux seraient, paraît-il, mieux appréciées. Les deux espèces de *Cotoneaster* qui viendraient le mieux sont *C. augustifolia* et surtout *C. Francheti*.

*
* *

M. Mailles possède, à la Varenne-Saint-Hilaire, un fort pied de Goumi, provenant de la Société d'Acclimatation, âgé de vingt-trois ans et donnant des fruits en abondance. Pendant quelques années, aucun Oiseau ne s'intéressait à ce produit, nouveau pour la région. Mais un beau jour, une Merlette s'avisa d'y goûter, trouva la chose à son goût, et récidiva. Son époux fit... la même chose qu'elle. Peu à peu d'autres Merles suivirent le mouvement et depuis cette époque, déjà lointaine, *tous* les fruits du Goumi sont avalés consciencieusement.

Les Mûriers blancs (à variétés) et noir sont très recherchés des Oiseaux en général. Les Becs-fins de toutes sortes, les Merles, les Loriots, etc., en dévorent les Mûres, et trouvent un abri dans leur épais feuillage.

Mais pour le Goumi et les Mûres, il s'agit de fruits d'été, et non de ressources hivernales.

Dans le Lot-et-Garonne, non loin de Nérac, M. Viton a fait différentes plantations et il nous donne la liste des espèces qui lui ont été indiquées par ses expériences.

Climat de Provence.

Vigne sauvage (*Vitis Labrusca*).
Vigne vierge (*Cissus quinquefolia*).
Arbousier commun (*Arbutus unedo*).
Micocoulier (*Celtis australis*).

Climat du Centre, et probablement du nord de la France.

Mahonia aquifolium.
Allouchier (*Cratægus aria*).
Alisier (*Cratægus torminalis*).
Aubépine (*Cratægus oxyacantha*).
Buisson ardent (*Cratægus pyracantha*).
Framboisier sauvage (*Rubus fruticosus*).
Merisier commun (*Cerasus avium*).
Sorbier des Oiseaux (*Sorbus aucuparia*).
Cornouiller (*Cornus mas*).
Lierre (*Hedera helix*).
Chèvrefeuille (*Lonicera caprifolium*).
Sureau commun (*Sambucus nigra*).
Viorne mansiène (*Viburnum lantana*).
Myrtille (*Vaccinum myrtillus*).
Troëne des bois (*Ligustrum vulgare*).
Olivier sauvage (*Olea europæa*, non greffé).
Goumi (*Elæagnus edulis*).
Phytolacca decandra.
Mûrier blanc (*Morus alba*).
Mûrier à papier (*Broussonetia papyrifera*).

Remarques. — Le Sureau, à la fin de l'été, attire les Fauvettes. Le Sorbier des Oiseaux, les Alisiers, à l'automne et au début de l'hiver, attirent les Grives et les Merles. A la fin de l'hiver, les baies de lierre sont très recherchées par les Grives et les Fauvettes.

Il y aurait lieu d'observer l'époque de maturation des fruits de ces différents végétaux afin d'établir un calendrier pouvant donner des indications permettant d'obtenir presque toute l'année un échelonnement de fruits pour retenir les baccivores.

LES TOLÉRANCES DANS LA RÉGION D'AGEN

Par TH. MARCHAND

Le département du Lot-et-Garonne est, depuis longtemps, classé parmi ceux où le gibier sédentaire a complètement disparu. Il n'y a plus rien, tout est détruit, et l'on cherche encore, par tous les moyens, à détruire les Oiseaux migrateurs qui passent par notre contrée. Les néfastes engins, cages, filets, lacets, etc., fonctionnent à outrance. Il en résulte une énorme diminution, une disparition presque complète de nos Oiseaux, de tous les Oiseaux, car les engins ne choisissent pas. Tout le monde a constaté, et constate qu'en effet on ne voit presque plus d'Oiseaux. Nos campagnes, nos bois, nos vignes, nos vergers sont déserts, on n'entend, on ne voit plus rien. Toute l'agriculture s'est élevée contre cette déplorable situation, elle est la première à en supporter les fâcheuses conséquences ; nous en subissons tous les effets ruineux.

Cependant, on serait tenté de croire qu'avec les lois actuelles sur la chasse, ces précieux auxiliaires de l'agriculture sont protégés. Erreur, ils le sont simplement sur le papier, sur l'arrêté préfectoral affiché dans les communes ; mais tout à côté, dans le champ voisin, on massacre tous les Oiseaux. Cela est l'expression de l'exacte vérité. Le Préfet fait afficher soigneusement, dans toutes les communes, son arrêté sur la chasse. Cet arrêté est connu de tous les intéressés, et pourtant, l'on voit cette chose vraiment extraordinaire, d'une importance qui n'échappera à personne, et que personne ici ne viendra démentir, l'arrêté reste lettre morte, comme si les agents de l'autorité s'efforçaient de fermer les yeux et de ne pas poursuivre les nombreuses infractions à la loi pénale dont ils sont témoins.

Et l'on se demande tout de suite quelle est cette singulière façon d'appliquer les lois ; là, nous touchons au vif de la question. Dans le Lot-et-Garonne, nous avons certains hommes politiques, nos *indépendants*, députés, conseillers généraux, maires et autres, qui se soucient fort peu des lois protectrices et des appels que toute l'agriculture lance depuis longtemps. Ils mettent leur influence à obtenir toujours et quand même le renouvellement des tolérances illégales. Ils savent parfaitement qu'ils demandent la violation des lois, mais ils savent aussi que ces faits ne sont pas connus du grand public, car, jusqu'ici, on ne les a pas suffisamment fait connaître. Ils arrivent ainsi à donner satisfaction à une poignée d'électeurs peu intéressants, mais très bruyants.

Il y a trop longtemps que cela dure dans notre département où tout est permis, tout est toléré contre les Oiseaux ; de les capturer, de les mettre à mort, de les exposer, de les vendre sur la place publique. Et personne n'est inquiété.

Les preuves abondent, il est facile de les contrôler. Aux tout proches environs d'Agen, on ne prend plus la peine d'attendre l'automne. Dans les communes de Pont-du-Casse, Bonencontre, Estillac, Le Passage-d'Agen, et autres, les engins prohibés commencent à fonctionner dès le 15 août. Et cependant, chose remarquable, les pratiquants eux-mêmes reconnaissent qu'ils ne font plus leurs frais, tant le nombre des Oiseaux a diminué : « Tout à quel trabal nous rapporto rès du tout », ce travail (*sic !*) ne nous rapporte plus rien du tout, me disait l'un de ces « petits chasseurs » avec lequel j'avais engagé la conversation. C'était un aveu dénué d'artifice, et quel aveu !

Essayez-vous de chapitrer ces gens, de leur ouvrir les yeux, de leur faire comprendre qu'ils prononcent ainsi eux-mêmes la condamnation de leurs engins meurtriers, c'est peine perdue, et ils vous diront encore : « Qué boulés ! nous cal cassa lous aousels », nous voulons chasser quand même les petits Oiseaux. Et voilà, sous son vrai jour, la mentalité de ces massacreurs : tuer toujours, tuer jusqu'au dernier, plutôt que de rendre les armes. Et certainement, s'il y a quelque chose d'« ancestral » dans les tolérances, c'est bien ce besoin de massacre qui en est la seule raison d'être.

Prenez-vous la peine de démontrer aux laceteurs que ce

qu'ils font est absolument défendu, contraire aux lois ; mais ils le savent, et dans leur regard vous pouvez lire qu'ils se croient bien tranquilles : la politique est là pour leur donner ce qu'ils veulent. Que si vous essayez alors de leur faire comprendre que cet état de choses pourrait bien ne pas être immuable, et que les tolérances auront une fin, ils vous sortent alors leur grand argument : « Cé nous défendon dé cassa al filat, cé nous défendon lous lacets, boulen qué digun casso al fusil », si les lacets et les filets sont supprimés, ils veulent que l'on interdise également toute chasse au fusil ! Voilà tout ce que mon « petit chasseur » trouvait pour sa défense. Il est impossible de discuter avec ces gens et d'essayer d'en obtenir autre chose. Se sentant soutenus par la politique, ils se contentent de répéter les phrases que leur soufflent leurs candidats favoris.

Et pourtant il devraient voir qu'il y a déjà quelque chose de changé puisque, à la suite de nos réclamations incessantes de l'an dernier — on pourrait en trouver traces dans le Bulletin de décembre 1912 — nous sommes arrivés à ce premier et appréciable résultat de faire supprimer dans les communes touchant celles d'Agen, les chasses aux filets pour la capture des Bergeronnettes. Mais cela n'est pas suffisant, nous ne devons pas nous en tenir là, ce qu'il faut faire supprimer, c'est le lacet, engin encore plus traître, plus destructif, et tout aussi prohibé que le filet.

Ayant constaté, dans les premiers jours du mois dernier, sur le territoire de la commune d'Estillac, canton de Laplume, l'existence d'une chasse au filet, installée par le sieur B..., je me suis empressé de signaler au Procureur de la République d'Agen cette nouvelle infraction à la loi sur la chasse de 1844 et à la Convention internationale. On a fait aussitôt supprimer, par les soins de la gendarmerie, les filets à Bergeronnettes ; mais les lacets existent toujours ! les appelants sont toujours là ! Pourquoi cette demi-mesure ? Nous saurons rappeler à M. le Commandant de gendarmerie d'abord, à M. le Procureur, ensuite, que les lacets sont des engins prohibés au même titre que les filets, et que la suppression des uns entraîne forcément, légalement, la disparition des autres.

Voici se qui se passe aux portes même d'Agen, malgré l'arrêté si net du Préfet. Je me garderai bien d'incriminer les petits agents de l'autorité, j'ai, au contraire, à rendre hommage aux gendarmes qui souvent paient de leur personne contre les braconniers de toutes sortes ; ils font ce qu'ils peuvent, mais pas toujours ce qu'ils voudraient ou croiraient devoir faire. Ce n'est pas à eux, je m'empresse de le dire, que l'on peut adresser le reproche de laisser ainsi profaner la loi. Ce qu'il faut sans cesse accuser, c'est l'indulgence des pouvoirs publics, c'est la connivence des tolérances administratives.

Les ministres de l'Agriculture qui se succèdent ont, à plusieurs reprises, donné des instructions, publié des circulaires pour défendre les Oiseaux utiles. Nous avons eu, par le dernier Bulletin, preuve de la bonne volonté du ministre actuel. Espérons que tout cela finira par aboutir, et que — c'est ce que nous ne nous lasserons pas de demander — le pouvoir central saura réduire ces tolérances préfectorales inacceptables, et faire que la loi, soit la loi, et la justice, la justice pour tous.

Au moment de faire paraître le Bulletin, nous recevons une lettre de M. Th. Marchand où il nous dit qu'il a été convoqué, comme témoin, en police correctionnelle, à propos du laceteur d'Estillac, dont il parle plus haut.

M. Th. Marchand n'avait plus entendu parler de sa plainte, et ne peut aujourd'hui nous donner aucun détail, car, dès l'appelé, l'affaire a été remise à quinzaine sur la demande du laceteur qui s'était fait assister d'un avocat.

Le Gérant : A. MARETHEUX.

Paris. — L. MARETHEUX, imprimeur, 1, rue Cassette.

BULLETIN DE LA LIGUE FRANÇAISE

POUR LA

PROTECTION DES OISEAUX

FONDÉE PAR LA

SOCIÉTÉ NATIONALE D'ACCLIMATATION DE FRANCE

NÉCROLOGIE

La Ligue vient de faire une perte des plus sensibles, en la personne de son secrétaire, M. le comte d'Orfeuille, décédé à Versailles, le 30 octobre dernier. Nous nous associons au deuil de tous les siens et nous adressons à sa famille si cruellement éprouvée nos plus sympathiques condoléances.

M. le comte d'Orfeuille était secrétaire de la Ligue depuis sa fondation, et nous savons tous avec quel zèle, quel dévouement, nous ajouterons avec quel talent, il n'a cessé de remplir ses délicates et souvent difficiles fonctions. Sa plume élégante savait donner au plus aride des procès-verbaux un attrait qui retenait le lecteur et répandre la lumière sur les questions les plus obscures. Ses comptes rendus sont des modèles.

Esprit très cultivé, possédant plusieurs langues, il mettait avec une aimable simplicité ses connaissances étendues au service de notre œuvre, dont il avait reconnu, dès le début, le haut caractère d'utilité.

L'homme était charmant. Son aménité, le sens exquis de ce qui convient de dire et de faire, une impeccable courtoisie, le rendaient le plus attirant des collègues.

La Ligue perd en M. le comte d'Orfeuille un de ses membres les plus distingués, qui a beaucoup travaillé pour elle. Reconnaissante, elle gardera fidèlement sa mémoire.

NOTRE PROPAGANDE DANS LES ÉCOLES

Par A. HOTELIN.

Notre Ligue a adressé, au mois d'avril dernier, des exemplaires de la brochure *Sauvons nos Oiseaux!* à MM. les instituteurs des écoles communales de plus de la moitié des départements (1), en vue d'organiser une propagande active, parmi les élèves et leurs familles, pour la protection des Oiseaux.

A la suite de cet envoi, nous avons reçu, des diverses régions de la France, des communications d'un grand intérêt, qui nous démontrent à la fois que notre campagne était nécessaire et que notre appel a été entendu.

Il est malheureusement exact que, partout, dans notre pays, les Oiseaux disparaissent. On nous écrit, par exemple, d'un village de l'Eure que les Hirondelles y sont arrivées, le 26 mars de cette année, en bien moins grand nombre qu'en 1912, alors que déjà elles étaient apparues, à cette époque, environ moitié moins nombreuses qu'en 1911. Les résultats de cette disparition se font durement sentir; ce ne sont pas seulement les amis de la nature, les rêveurs des bois qui s'en plaignent; les gens pratiques, eux aussi, les agriculteurs notamment (nous pourrions même ajouter les chasseurs) s'aperçoivent qu'ils payent trop cher le massacre impitoyable d'auxiliaires, dont les services apparaissent de plus en plus précieux, au fur et à mesure qu'ils deviennent de plus en plus rares.

Nous n'avons donc pas exagéré le mal : il est grand temps de s'entendre pour y remédier.

---

(1) Les départements compris dans cette première répartition sont les suivants :

Ain, Alpes-Maritimes, Basses-Alpes, Hautes-Alpes, Ardèche, Ardennes, Ariège, Aude, Aveyron, Calvados, Charente-Inférieure, Cher, Corse, Côtes-du-Nord, Doubs, Drôme, Eure, Finistère, Haute-Garonne, Gers, Gironde, Hérault, Ille-et-Vilaine, Isère, Jura, Landes, Loir-et-Cher, Loire-Inférieure, Lot, Lot-et-Garonne, Lozère, Manche, Meurthe-et-Moselle, Meuse, Morbihan, Nord, Pas-de-Calais, Basses-Pyrénées, Hautes-Pyrénées, Pyrénées-Orientales, Rhône, Haute-Saône, Savoie, Seine-Inférieure, Tarn, Tarn-et-Garonne, Var, Vaucluse, Vendée, Vosges.

L'accueil qui a été généralement fait à la brochure *Sauvons nos Oiseaux!* nous permet de bien augurer de l'avenir. D'ores et déjà, notre propagande compte, dans toutes les régions de France, de nombreuses sympathies ; elle a encouragé et éveillé des centaines de bonnes volontés, qui ne demandent qu'à agir et en susciteront d'autres par leur exemple. Grâce aux efforts éclairés et persévérants de MM. les Instituteurs, la propagande parmi les écoliers et les écolières est en bonne voie. Il existe sur notre territoire de nombreuses sociétés scolaires pour la protection des animaux et particulièrement des Oiseaux. Il s'en constitue chaque jour de nouvelles : c'est chose si simple, si facile et qui coûte si peu !

Rappelons d'abord, en quelques mots, à nos lecteurs comment s'organise et fonctionne une société de ce genre. Nous avons relevé à cet égard divers modes de procéder intéressants. Dans certaines communes (c'est le cas, notamment à Gabiau, dans l'Hérault, où la société scolaire nous paraît organisée dans des conditions parfaites), le territoire est divisé en sections, placées chacune sous la surveillance d'un élève sérieux, un peu plus âgé que ses camarades, qui reçoit les déclarations d'élèves plus jeunes, composant un groupe de la société scolaire. Chaque groupe d'élèves surveille sa section et signale chaque nid découvert au chef de groupe, qui, à son tour, en avertit le maître. Une surveillance est, dès lors, organisée autour de la nichée, jusqu'au jour où elle peut s'envoler. Chaque membre verse un sou par mois ; à la fin de l'année, il est procédé à une distribution de récompenses, livrets de caisse d'épargne de 5 ou 2 francs, jouets, etc.

Dans une commune de la Haute-Garonne, à Franquevielle, tout écolier qui découvre un nid le signale en classe, lors de la leçon de sciences. On inscrit sur un cahier l'espèce des Oiseaux, le nombre d'œufs ou de petits, la date de la trouvaille. Le déclarant est institué tuteur, ou « parrain » de la nichée. Un « contrôleur » élu par les élèves vérifie chaque déclaration. Après l'envolée, le nid est porté à l'école et soigneusement conservé avec l'indication du nom du « parrain ».

Ailleurs, les élèves prennent l'engagement d'honneur de ne détruire aucun nid, de refuser les œufs de petits oiseaux qu'on pourrait leur offrir ; plus de chasse aux oiseaux, plus de cages, surveillance des chats, etc.

Les sanctions sont très simples et généralement prononcées par les élèves eux-mêmes. Attribution d'un certain nombre de bons points ou d'images par oiseau ou nid préservé, félicitations en classe ou en public : voilà pour les récompenses, qui peuvent naturellement varier suivant les ressources de la Société scolaire et la générosité des municipalités ou des particuliers. Quant aux punitions, les infractions constatées sont énoncées en classe ; les coupables reçoivent une réprimande proportionnée à la gravité de leur faute et sont punis, par vote de leurs camarades, d'une privation de jeu, d'une quarantaine plus ou moins prolongée, d'un retrait de bons points, de l'exclusion temporaire de l'association (1).

En cas de récidive, les parents ou le maire en sont informés.

Dans certaines communes on fait afficher les noms des enfants récompensés ou punis pour bons ou mauvais traitements envers les animaux.

Toutes ces sociétés fonctionnent d'une manière satisfaisante. Les enfants prennent goût à leur tâche et les efforts du maître (nous en trouvons l'assurance dans une lettre qui nous est parvenue) sont toujours couronnés d'un bon résultat.

Au village des Ecorces (Doubs), à Escoublac-la-Baule (Loire-Inférieure), les enfants s'intéressent aux Oiseaux, disposent dans leurs jardins, leurs maisons ou leurs cheminées, des nichoirs et des pondoirs, surveillent les chats, entourent le pied des arbres de ronces et d'épines pour les empêcher d'y grimper.

A Avillers (Vosges), les animaux domestiques ne sont plus ou presque plus maltraités ; nids et couvées sont respectés par les enfants, qui empêchent même leurs parents ou leurs aînés d'aller dénicher, dans la saison, comme c'était naguère encore l'habitude générale.

A Rivolet (Rhône), 554 nids ont été protégés.

Au Pouzat (Ardèche), les écoliers renoncent à garder des Oiseaux en cage, à dénicher ; ils reboisent les terres vaines et plantent des arbres fruitiers le long des chemins.

(1) A Franquevielle, il n'y a eu que 3 cas de défaillance sur 59 élèves et pas une récidive. 125 nichées ont été protégées, soit 900 Oiselets environ. L'instituteur déclare que l'organisation et le fonctionnement de la société ne lui ont pris que quelques minutes par jour en dehors de son travail habituel.

A Mounès (Aveyron), des élèves interviennent en faveur d'animaux maltraités ; à Cazejoudes (*id.*) un agriculteur refuse un nid de Merles que lui apporte un domestique et enjoint à ce dernier d'aller le remettre en place. A Poggiolo, au centre de la Corse, nous dit l'instituteur, les Oiseaux sont religieusement respectés.

Dans maintes localités, les jeunes garçons élèvent en cage des Oiselets tombés du nid, jusqu'à ce qu'ils soient assez forts pour prendre la volée.

Nous pouvons dire que les écoliers, par la facilité avec laquelle ils renoncent à des habitudes antérieures de destruction, par le zèle qu'ils mettent à protéger leurs victimes d'hier, montrent l'exemple à leurs aînés, et ce n'est pas sans émotion que nous avons constaté combien les enfants de nos campagnes sont, en général, accessibles aux paroles de bonté que les maîtres leur font entendre.

*
* *

En dehors de l'école, quel appui notre propagande est-elle susceptible de rencontrer ? Assurément, les parents stimulent parfois le zèle de leurs enfants ; les municipalités (à Dôle, dans le Jura, notamment) et certaines sociétés de chasse accordent des subsides. A Boncourt (Meuse), la municipalité n'hésite pas à rayer pour quinze jours du Bureau de bienfaisance, à titre d'exemple, les parents de deux enfants dénicheurs, qui n'avaient pas été réprimandés. A l'Escarène (Alpes Maritimes), des propriétaires dressent sur leurs terres des pancartes avec l'incription : « Défense de tuer les petits Oiseaux dans cette propriété. » Parfois, des moissonneurs sauvent la vie à des couvées de Perdrix en leur laissant pour abri quelques mètres carrés de sainfoin ou de trèfle. Rappelons aussi qu'à La Rochelle, dans un Congrès tenu le 21 juillet 1912, l'Union amicale des propriétaires et chasseurs avait envisagé la protection des Oiseaux, s'était interdit la chasse avec nappes et filets et avait organisé une surveillance pour prévenir et réprimer la chasse aux petits Oiseaux.

Si nous citons tous ces faits, malheureusement trop isolés encore, c'est pour montrer que nul effort n'est négligeable, que l'acte, en apparence le plus insignifiant, peut néanmoins produire un effet utile et, en tout cas, suggérer à tous des idées pratiques, facilement applicables (1).

Certes, ces exemples sont encourageants. Mais, ne crions pas victoire ! Notre cause est loin, bien loin d'être gagnée. Il a été distribué environ 20.000 exemplaires de la brochure *Sauvons nos Oiseaux*. Nous n'avons reçu que 140 réponses. Espérons que l'exemple de ceux qui nous ont donné leur collaboration sera suivi dans la pratique et que nos Oiseaux auront bientôt d'actifs défenseurs dans toutes les communes de France.

Mais nous devons lutter contre des habitudes invétérées, des préjugés solidement enracinés et secouer l'indifférence presque générale. Nos lecteurs ont vu, dans un précédent Bulletin, à quel point et dans quelles conditions particulièrement pénibles pour nous, défenseurs des oiseaux, se fait la chasse, ou plutôt le massacre, dans le département de la Gironde. Le mal n'est pas localisé dans cette région.

C'est donc à tous que nous faisons appel, parents, cultivateurs, chasseurs, ainsi qu'aux municipalités et aux autorités administratives, parfois trop timides dans l'application des lois et règlements existants, trop soucieuses, peut-être aussi, de ménager divers intérêts individuels ou locaux, dans une question qui touche si profondément à l'intérêt général du pays tout entier.

Nous exprimons, en terminant, nos remerciements aux représentants de la Presse qui ont bien voulu signaler notre brochure à l'attention de leurs lecteurs, aux instituteurs et aux institutrices qui ont répondu à notre appel, ainsi qu'aux écoliers et aux écolières, qui nous prêtent avec tant de zèle le concours de leur juvénile enthousiasme.

---

(1) Nous appelons l'attention des sceptiques sur le fait suivant :

A Pomerol (Gironde), sur le conseil de l'instituteur, un cultivateur place dans son vignoble 6 nichoirs ; 4 ont été habités par 3 couvées de Mésanges et 2 de Torcols, qui avaient niché en deuxième lieu dans un nid choisi d'abord par les Mésanges.

Les propriétaires voisins remarquent que l'extrémité du vignoble où se trouvaient les couvées a été indemne de cochylis et d'autres papillons alors qu'il y en a eu dans les autres parties.

A PROPOS DES FRUITS

RECHERCHÉS PAR LES OISEAUX

Par **XAVIER RASPAIL**.

Je viens de lire, dans le *Bulletin* d'octobre de la Ligue pour la Protection des Oiseaux, un très intéressant article de M. J. Poisson sur *les arbres, arbrisseaux et plantes pouvant fournir des fruits et des graines aux Oiseaux.* J'ai apprécié également les observations faites à ce sujet par MM. Maurice de Vilmorin, Frédéric Hugues, Mailles, ainsi que la liste des espèces plantées dans le Lot-et-Garonne par M. Viton.

Je crois pouvoir m'autoriser d'une pratique de plus de cinquante-cinq ans, acquise tant en France qu'en Belgique, pour ajouter quelques observations au travail de M. Poisson.

Auparavant, je mettrai en première ligne les arbres et arbustes qui, dans le nord de la France, sont les plus recherchés par les Oiseaux et qui leur fournissent une abondante nourriture, du milieu de l'été à la fin de l'hiver.

Merisier des bois (*Cerasus avium*) ;
Sainte-Lucie (*Cerasus Mahaleb*) ;
Sureau commun (*Sambucus nigra*) ;
Sorbier des Oiseaux (*Sorbus aucuparia*) ;
Viorne des bois (*Viburnum opulus*), qui conserve ses baies
    rouges assez tard en hiver ;
Mahonia (*M. aquifolium*) ;
Goumi (*Elæagnus longipes*) ;
Aubépine blanche (*Cratægus oxyacantha*) ;
Lierre (*Hedera helix*), dont les baies mûrissent à la fin de
    l'hiver et sont une grande ressource alimentaire pour
    les Pigeons ramiers, les Merles et Grives, principalement
    en février-mars, les Mauvis, et les Fauvettes à leur arri-
    vée, au printemps.

Les endroits où se trouvent réunies ces différentes espèces seront toujours très fréquentés par les Oiseaux sédentaires et de passage.

M. Poisson, en parlant des fruits du Houx, ne croit pas qu'ils soient recherchés par les Oiseaux à cause de leur propriété purgative; c'est une erreur. Les différentes espèces de Merles les recherchent en hiver, et c'est ainsi que les quelques Houx qui se trouvent dans mon parc sont dégarnis de leurs baies, dont les graines, que les Oiseaux rejettent, non digérées, dans leurs déjections, germent sous bois et donnent naissance à de nombreux plants.

Mais déjà, en 1870-71, dans la Seine-Inférieure, pendant le rude hiver où une forte couche de neige recouvrit la terre dès les premiers jours de décembre jusqu'au 26 janvier, j'avais eu la preuve que la baie du Houx était mangée par les Merles au même titre que le fruit de l'Aubépine et celui du Sorbier.

Mon régiment se trouvait campé, le 10 janvier, à Fontenay, aux avancées du Havre; l'etat-major, dont je faisais partie, était installé au château du Tot. A l'angle d'une tourelle, se trouvait un de ces superbes Houx, comme on n'en voit qu'exceptionnellement ailleurs qu'au Havre; son sommet atteignait au chéneau et il était couvert de baies. Malgré le va-et-vient qui se faisait autour de l'arbre, les différentes espèces de Merles ne cessaient de venir s'y abattre, et même plusieurs ne le quittaient pas, se trouvant suffisamment à l'abri dans l'épaisseur du feuillage.

Pendant les trois jours que nous occupâmes cette position, je constatai, depuis le petit jour jusqu'assez tard dans l'après-midi, la présence de Draines, de Litornes, de Mauvis et de Merles noirs venant s'alimenter dans ce Houx, qui constituait pour ces Oiseaux, au cours d'un hiver des plus rigoureux, un véritable grenier d'abondance. Seule, la Grive de Vignes n'y figurait pas, mais elle ne reste jamais dans nos contrées en plein hiver; pour ma part, je ne l'ai jamais rencontrée après le commencement de novembre.

Ainsi donc, les Oiseaux, notamment les Turdidés, peuvent s'alimenter des baies du Houx sans en éprouver aucun inconvénient; du reste, les Oiseaux, de même que tous les animaux qui vivent à l'état sauvage, savent reconnaître la nourriture qui leur convient le mieux.

Le Houx est donc à ajouter à la liste des arbres et arbrisseaux dont les fruits servent à nourrir les Oiseaux et il y a intérêt à le planter dans les terrains où il a chance de prospérer, puisqu'il constitue une ressource alimentaire pour les Merles, qu'il faut considérer comme de précieux insectivores.

La Draine, qui seule mange en hiver le fruit du Gui et répand sur les arbres les graines de ce parasite si pernicieux, contenues dans ses intestins, peut être considérée plutôt comme nuisible, malgré la quantité d'Insectes qu'elle détruit du printemps à l'automne, au même titre que tous les autres Merles.

Dans l'énumération des familles qui fournissent des graines utiles pour les Oiseaux, M. Poisson a omis celle des LILIACÉES dont fait partie l'Asperge, cet excellent légume si apprécié au printemps. Ses baies rouges sont mangées en hiver par plusieurs Oiseaux, surtout par les Litornes et les Etourneaux; aussi, de longue date, je fais recueillir toutes les tiges garnies de baies et, mises en réserve en bottes, je les fais placer à la portée des Oiseaux, par les temps de neige et les fortes gelées.

La famille des SOLANÉES contient également une espèce dont le fruit est tout particulièrement recherché par le Faisan ainsi que par le Merle noir, dans le courant de septembre. C'est la Morelle (*Solanum nigrum*). Cette plante, qui pousse comme une mauvaise herbe et qu'on traite comme telle dans les cultures, se reproduisant là où quelques pieds ont poussé même plusieurs années auparavant, est aussi propagée dans les bois par les Faisans dont les déjections en contiennent, non digérées, les fines graines, qui attendent pour germer que les bois soient mis en coupes. Je ne crois pas qu'aucun auteur ait signalé que le Faisan est si particulièrement friand de cette baie qui l'attire de loin. Il la mange aussi bien verte que mûre, c'est-à-dire lorsqu'elle est d'un beau noir.

Il y a presque quarante ans que j'en eus la preuve sur des Faisans que je venais de tirer et qui, lorsque je les ramassai en les tenant par les pattes, laissèrent s'écouler par le bec un liquide filant assez abondant, dans lequel se trouvaient de fines graines blanchâtres que je ne tardai pas à reconnaître comme provenant des baies de Morelle. Ce fut une découverte qui me fut fructueuse, car, depuis, je recherchai les Faisans surtout dans les endroits où il y avait de la Morelle, toujours assuré, en y allant à certaines heures de la journée, de ne pas être trompé dans mon attente.

Je signalerai la coloration d'un violet foncé des intestins des Faisans qui ont mangé beaucoup de baies mûres de Morelle dans le courant de septembre, coloration qui est analogue à celle que présentent les intestins et les parois abdominales des Fauvettes qui ont absorbé, pendant quelque temps, des baies de sureau.

En terminant son instructive énumération des familles de plantes qui fournissent des fruits et des semences aux Oiseaux, M. Poisson pose une question aux ornithologistes concernant les Tilleuls et les Robiniers (pseudo-Acacias), dont les fleurs si odorantes attirent les Insectes à cause du nectar qu'elles produisent. Il se demande si les Oiseaux de petite taille ne seraient pas incités à chasser à leur tour, parmi les fleurs, les Insectes qui recherchent la matière sucrée et si, par suite, il n'y aurait pas lieu de favoriser un reboisement de ces arbres qui sont, en outre, estimés par l'industrie ? J'avoue que je ne saurais répondre sciemment dans le sens de la question posée par M. Poisson. Je n'ai remarqué spécialement que les Abeilles qui viennent, en grand nombre, butiner dans les fleurs de Tilleuls et plusieurs espèces de Lépidoptères. Quant aux fleurs de l'Acacia, je puis affirmer qu'elles sont appréciées par les Pigeons Ramiers, qui s'en montrent très friands. Lors de la floraison de cet arbre, j'ai vu, chaque année, pendant que j'habitais la propriété de mon père à Cachan (Seine), les Pigeons Ramiers des jardins publics de Paris s'arrêter, en allant au gagnage au loin dans les plaines, sur les Acacias du parc, pour en manger les fleurs, surtout lorsque les boutons commençaient à s'ouvrir.

DISPOSITIF
FACILITANT LA VISITE DES NICHOIRS

Par Ch. DEBREUIL.

Il est parfois utile de vérifier le contenu des nichoirs, ne serait-ce qu'en fin de saison, après le départ des dernières couvées.

Pour rendre cette visite plus aisée, j'ai adopté le dispositif suivant qu'il est facile d'établir à peu de frais (fig. 1).

Un premier tasseau A est cloué sur la latte-support du nichoir, juste au dessus du couvercle qu'il empêche de se lever. Un autre

tasseau B est fixé à l'intérieur du couvercle, en dedans du nichoir ;
ses extrémités viennent s'appuyer sur les deux côtés du nichoir, de
façon à empêcher tout mouvement latéral du couvercle.

Les deux tasseaux doivent être placés de telle façon qu'après
avoir glissé le couvercle sous le tasseau A, on puisse le rabattre et

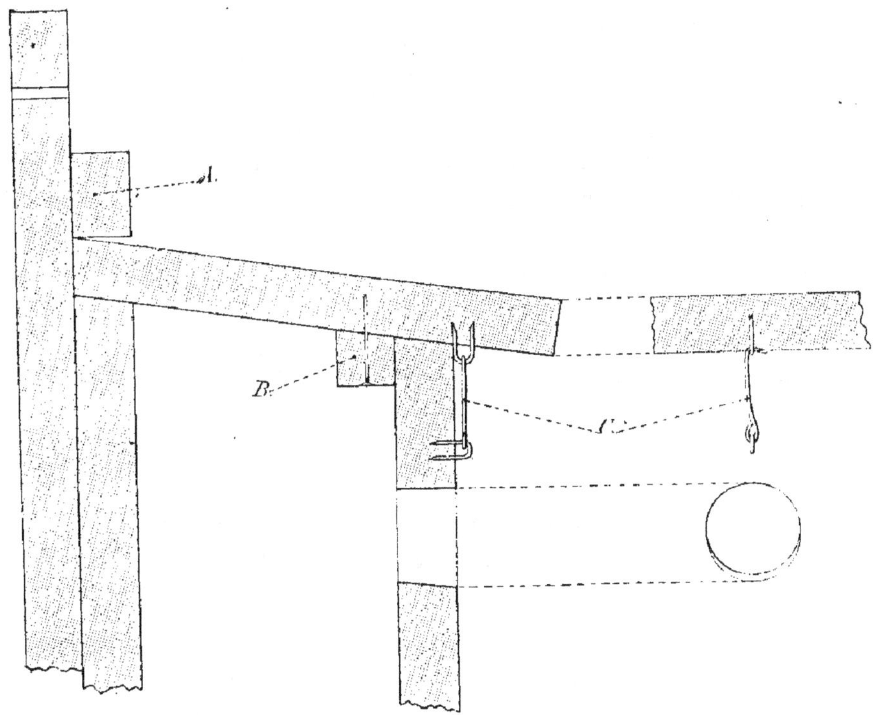

le mettre en place, le tasseau B entrant alors à frottement doux
dans l'intérieur.

Un crochet en fil de fer C sert de fermeture. Il joue dans un
« conduit » fixé au-dessus du trou de vol, et vient s'agrafer dans un
autre conduit cloué sous le couvercle, au ras de la paroi antérieure
du nichoir.

Cette combinaison s'applique également aux nichoirs ronds,
creusés dans des bûches ; il suffit d'arrondir les deux extrémités du
tasseau B.

NOTES

Condamnations à Agen. — Nous disions, en terminant le Bulletin du mois dernier, qu'un laceteur allait passer en police correctionnelle, à Agen, amené devant les tribunaux grâce à l'initiative de notre délégué, M. Th. Marchand. Nous sommes heureux d'annoncer que celui-ci a obtenu un résultat dont l'importance n'échappera à personne :

Jean Boutanes, d'Estillac, auquel M. Marchand faisait allusion dans son article, a été condamné à 50 francs d'amende, la saisie des engins et les frais. La même peine a été appliquée à un nommé Souèges que Boutanes, furieux de se voir pincé, avait dénoncé aux gendarmes.

Ces jours-ci, enfin, trois receleurs de petits Oiseaux ont également été condamnés à 50 francs d'amende. Ce sont : Augustine Gimbal et Félix Brodoux, tous deux marchands de volailles à Agen, et Abel Dufoire, exerçant la même profession au Passage-d'Agen.

La série n'est pas close, et d'autres procès-verbaux viendront en police correctionnelle devant les tribunaux d'Agen et de Bordeaux.

———

Les états généraux du tourisme. — Cet important Congrès, organisé par le journal *Le Matin*, a étudié tout ce qui a trait au tourisme en général. Un premier Groupe portait le titre « Aménagement du pays ». Sa troisième section, celle des « Sports et fêtes », a fait une large place à la pêche et à la chasse, auxquelles est venue se joindre, comme une conséquence directe, la protection de notre Faune.

Plusieurs vœux ont été adoptés en faveur des Oiseaux ; ce sont d'abord celui plus général de notre vice-président, M. Menegaux, au sujet des Parcs nationaux ; puis des vœux de M. Villatte des Prugnes, demandant la rapide publication du rapport de la commission de classement des Oiseaux, du Dr Germain Sée pour l'organisation d'une fête des animaux, de M. H. Kehrig, demandant une application intégrale de la Convention internationale de 1902.

La motion de M. H. Kehrig fut le point de départ d'une intéressante discussion, et les petits Oiseaux trouvèrent, dans la salle, d'excellents défenseurs dont nous regrettons de ne pas connaître les noms.

Le Président du groupe, M. Louis Forest, qui est Président d'un Club bien connu d'automobilistes, le « Club des Cent », raconta le fait suivant qui souleva l'indignation générale :

M. Louis Forest, en touriste accompli, ne se contente pas d'admirer les sites qu'il parcourt, il aime à se documenter auprès des habitants, et ce qu'apprend l'oreille est pour lui le complément indispensable de ce que découvrent les yeux. C'est ainsi que, touristant dans le département des Landes, il avait engagé conversation avec un compagnon de route, rencontré au hasard d'une longue promenade à pied. Il sut bientôt que son interlocuteur s'appelait R..., et était conseiller municipal de sa commune. M. Forest s'informe des ressources du pays et, bien qu'il ne soit pas chasseur, demande quelques détails sur la chasse et le gibier... « Pays merveilleux, s'exclame R.... Tenez, monsieur, j'ai un champ extraordinaire ; au moment des passages il y vient de tout, en masse. Si vous voulez tendre des filets ou des lacets chez moi, je loue la place 40 francs par jour, et vous êtes sûr de réussir... »

Devant tant de cynisme, M. Forest fit remarquer que les filets, les lacets, c'étaient là des choses défendues par la loi... « La loi?... vous allez voir » ; et R..., conseiller municipal, chargé de faire respecter la loi dans sa commune, mit sous les yeux de M. Forest une lettre où il était dit en substance : « Mon cher R...., vous m'exprimez des craintes au sujet de filets et de lacets tendus chez vous ; soyez tranquille, des ordres ont été donnés, et vous pouvez continuer sans aucune inquiétude.... »

La signature? C'était celle d'un député. Fort d'un tel appui, le conseiller municipal encaissait, sans arrière-pensée, le revenu de son champ de mort. Quarante francs : combien de centaines de petits cadavres emplumés faut-il entasser pour représenter le triste gain journalier de l'homme qui paye si cher le seul droit d'établir ses engins meurtriers !   A. C.

La chasse du Sansonnet et la vente des Oiseaux non tués au fusil. — Dans le *Bulletin* de septembre, nous avons signalé une lettre du ministre de l'Agriculture, maintenant l'interdiction de la chasse au Sansonnet.

Le président de la « Confédération franco-africaine des sociétés de chasseurs » ayant écrit au ministre sur le même sujet, a reçu la réponse suivante :

« Monsieur le président,

« Vous avez bien voulu appeler mon attention sur les inconvénients que présenterait l'autorisation de la chasse aux Étourneaux ou Sansonnets dans votre département.

« J'ai l'honneur de vous faire connaître que, conformément aux dispositions de la convention internationale du 19 mars 1902, la chasse de l'Étourneau n'est autorisée ni dans votre département, ni dans aucun département français.

« Quant à la question générale des ventes d'Oiseaux non tués au fusil, elle est étudiée par la commission instituée par mon prédécesseur pour rechercher les modifications aux lois et règlements qui régissent l'exercice de la chasse en France.

« Agréez, Monsieur le président, etc.

« *Signé* : Le ministre de l'Agriculture : CLÉMENTEL. »

Voici qui est parfait pour le Sansonnet : il figure sur la liste n° 1 de la Convention, on ne peut donc pas y toucher.

Mais, pour interdire la vente des Oiseaux non tués au fusil, est-il besoin de modifier la législation actuelle ? Les Oiseaux, non tués avec des armes à feu ne sont capturés, en grande quantité, qu'au moyen de pièges, de lacets, de filets : or, tous ces engins sont formellement prohibés par la loi et les règlements.

Il est facile de conclure, et M. Clémentel a sous la main une solution rapide de la question qui le préoccupe. Que la loi actuelle, telle qu'elle est, soit strictement appliquée ; c'est un provisoire dont nous saurions parfaitement nous contenter pour l'instant.

POUR LA PROPAGANDE

Don de M. Ad. Burdet. — Les Ligueurs qui ont assisté à la conférence de M. Burdet ont gardé un trop vif souvenir de ses merveilleux clichés pour qu'il soit utile d'insister sur l'intérêt et l'importance du nouveau don que M. Burdet vient de faire à notre Ligue.

M. Burdet nous a envoyé une série de 61 négatifs, pris parmi ses clichés les plus typiques. De ces négatifs, nous avons déjà tiré des diapositives en vue de conférences de propagande : les clichés pourront nous servir également à illustrer des livres ou brochures.

Voici la liste des 61 négatifs :

1º Nids sans oiseaux : Grive musicienne, Fauvette babillarde, Mésange à longue queue, Troglodyte, Pouillot fitis, Rousserolle turdoïde, Mouette rieuse, Goéland à manteau bleu, Goéland cendré, Poule d'eau, Foulque noire ;

2º Oiseaux utilisant des nichoirs artificiels : Mésange bleue, Mésange nonnette, Etourneau, Torcol ;

3º Oiseaux creusant des trous pour faire leur nid : Pic varié, Pivert, Martin-pêcheur ;

4º Oiseaux chanteurs construisant leur nid dans les buissons, ou sur les arbres ou à terre : Grive musicienne, Bouvreuil, Troglodyte, Fauvette grisette, Pinson, Loriot, Gobe-mouches gris, Rossignol, Rouge-gorge, Bergeronnette grise, Rousserolle turdoïde, Grimpereau : nid sous les tuiles d'un toit ;

5º Oiseaux construisant toujours leur nid à terre : Alouette des champs, Engoulevent d'Europe, Vanneau, Courlis cendré, Huîtrier, Mouette rieuse, Sterne Pierre Garin ;

6º Rapaces utiles : Crécerelle, Hibou moyen-duc, Hibou brachyote ;

7º Coucou : six vues différentes donnant toute l'histoire du jeune Coucou ;

8º Oiseaux nichant en colonies : Spatule blanche, Sterne Caujek ;

9º Oiseaux nourris en hiver, oiseaux à l'abreuvoir : Sittelle, Mésange charbonnière, Moineau ordinaire, Bergeronnette grise, Grive musicienne, Bec-croisé, Tourterelle.

Congrès de la Société des aviculteurs français.

Cette Société ouvrira son exposition annuelle au Grand Palais le 30 janvier prochain. A cette occasion, aura lieu, avec le concours de notre Ligue, un Congrès ou seront étudiées les questions suivantes :

1° De la préparation et de la conservation des plumes et poils d'animaux de basse-cour, en vue de leur donner la plus grande valeur possible ;

2° De la protection pratique des petits Oiseaux.

Le Congrès se tiendra le samedi 31 janvier, et les membres de la Ligue seront, ce jour-là, et sur présentation de leur carte, admis dans l'enceinte de l'exposition de quatorze à dix-huit heures.

Ceux de nos collègues, habitant la province, et qui désireraient participer au Congrès, devront donner leur nom sans tarder pour pouvoir profiter de la réduction accordée par les compagnies de chemin de fer.

Les membres de la Ligue qui auraient l'intention de faire des communications au Congrès sur les deux sujets indiqués, sont priés d'en aviser notre secrétariat, avant le 1ᵉʳ janvier.

Conférence sur les « Parcs nationaux de France ». — M. Mathey, conservateur des Eaux et Forêts, fera, le samedi 22 novembre, à 8 h. 1/2 du soir, dans la salle de la Société nationale d'Horticulture, 84, rue de Grenelle, une conférence sur les « Parcs nationaux de France ».

Le Touring-Club de France, sous les auspices de qui a lieu la Conférence, nous a envoyé des cartes d'invitation que nos collègues pourront trouver au Secrétariat.

Séances de la Ligue. — La prochaine séance aura lieu le 21 novembre, à 15 heures.

Ordre du jour. — M. Magaud d'Aubusson : « Les Phares de l'embouchure de la Gironde, considérés au point de vue de la destruction des Oiseaux ».

Le Gérant : A. MARETHEUX.

Paris. — L. MARETHEUX, imprimeur, 1, rue Cassette.

BULLETIN DE LA LIGUE FRANÇAISE

POUR LA

PROTECTION DES OISEAUX

FONDÉE PAR LA

SOCIÉTÉ NATIONALE D'ACCLIMATATION DE FRANCE

OBSERVATIONS ORNITHOLOGIQUES EN MAINE-ET-LOIRE

Par ANDRÉ GODARD.

RÉSULTAT D'OBSERVATIONS ORNITHOLOGIQUES, FAITES DEPUIS 1889, SUR UNE PROPRIÉTÉ SISE AU MILIEU D'UN PAYS DÉVASTÉ, PROPRIÉTÉ GARDÉE ET OÙ LES OISEAUX SONT PROTÉGÉS LE MIEUX POSSIBLE.

ESPÈCES	CAUSES DE L'AUGMENTATION OU DE LA DIMINUTION
I. — Espèces en augmentation.	
Pinson.	
Troglodyte	
Étourneau	Protection
Rouge-gorge	et douceur des derniers hivers.
Poule d'eau	
Corneille.	
II. — Espèces en nombre stationnaire.	
Moineau	
Chouette hulotte	
Mésange à longue queue.	
Pie	
Merle noir	
Accenteur mouchet	Protection
Sittelle.	(et repeuplement pour la Hulotte).
Pic vert	
Alouette lulu.	
Chardonneret.	
Fauvette grisette	

III. — Espèces en voie de diminution.

Bruant zizi	Capturé aux traînées de collets en temps de neige. Pris à la *tapette*, la nuit.
Chouette chevêche . . .	Tuée au fusil dans les environs.
Mésange bleue	Nids ravagés par la pluie des derniers printemps. — Éperviers. Crécerelles. *Écureuils.*
Mésange charbonnière. .	Nids ravagés par la pluie des derniers printemps. Éperviers, Crécerelles. *Écureuils.*
Pic épeiche	Écureuils, Martres, Putois, etc., Éperviers.
Pigeon ramier	*Écureuils.* Tué au fusil.
Rossignol.	Tué dans le Midi.
Huppe	Tuée dans le Midi, ou dénichée ici. — Tuée pour les chapeaux.
Martin-pêcheur.	Tué pour les chapeaux.

IV. — Espèces totalement disparues (*ou près de disparaître*).

Verdier	Traînées de collets en temps de neige. Tué en troupes. Éperviers, Crécerelles.
Bruant jaune.	Mêmes causes. Nids ravagés par serpents, belettes, etc. Chats. Pris à la *tapette*. Crécerelles.
Bergeronnette grise. . .	Tuée dans le Midi.
Pipits	Tués en troupes (outre les causes générales : Éperviers, etc.).
Rossignol de murailles .	Tué dans le Midi.
Hirondelle de fenêtre . .	Tuée dans le Midi.
Grèbe castagneux . . .	Tué sur les rivières, l'hiver.
Râle de genêt	Nids ravagés par les récentes inondations. Tué.
Linot	*Traînées de collet* et Éperviers.
Grive Draine	Tuée au fusil. Dénichée.
Alouette huppée . . .	Tuée au fusil.
Engoulevent	Tué dans le Midi.
Oedicnème.	Tué sur place.
Bruant de Roseaux . . .	Tué. — Éperviers, etc. — Inondations récentes.
Alouette des champs . .	Traînées de collets. Tirasse. Miroir.
Sterne noire	Tuée sur les rivières. (*Anéantie* depuis quinze ans dans toute la région).

Je ne mentionne ici que quelques Oiseaux, à mon avis plus dignes de protection. Mais tous le sont, sauf les rapaces *diurnes*.

CONCLUSIONS PRATIQUES DES PRÉCÉDENTES OBSERVATIONS.

Collets en temps de neige. — Tolérance heureusement supprimée depuis quelques années. Assurer l'exécution de la loi par encouragements aux gendarmes, gardes.

Tapette, Tirasse, etc. — Établir une répression nocturne, presque inexistante actuellement.

Chasse dans le Midi. — Repeupler de vrai gibier. — Augmenter le prix de la poudre. — Interdire la fabrication et la vente des fusils de petit calibre, Flobert, etc. Supprimer le braconnage aux filets, la chasse au poste. — Embrigadement des gardes champêtres. — Conseils aux viticulteurs, aux enfants.

Éperviers, Crécerelles. — Autoriser seuls ces Oiseaux pour les chapeaux.

Écureuils. — A ranger parmi les animaux *les plus nuisibles.*

Putois, etc. — Organiser le piégeage.

MESURES DIVERSES.

Tâcher d'obtenir des particuliers ou communes l'établissement de larges refuges en arbustes verts et épineux, de préférence le *Buisson ardent* dont la baie nourrit divers Oiseaux.

Brochures illustrées, sur les Oiseaux utiles (dans les écoles, etc.);

Livres de prix ornithologiques;

Campagnes de presse;

Mettre *l'Oiseau* (de Michelet), dans les programmes universitaires;

Agir auprès des Écoles d'agriculture, École forestière, etc.;

Entente et action commune avec les Ligues de reboisement, de protection des sites, Société centrale des chasseurs, Saint-Hubert-Club, etc.

P.-S. — Supprimer le récent et déplorable impôt sur les chasses gardées, seuls refuges efficaces pour toute la faune ailée.

LE NOURRISSAGE HIVERNAL

Par A. CHAPPELLIER

Suite (1).

Les nichoirs sont vides maintenant, les dernières couvées ont depuis longtemps pris leur essor, et voici le moment de nous organiser en vue du nourrissage hivernal.

Dans un premier article, j'ai insisté sur la grande utilité de secourir les Oiseaux pendant la mauvaise saison. Nous allons aujourd'hui passer à la pratique, voir quelles sont les conditions d'un nourrissage hivernal bien compris, apprendre à construire les appareils les plus ordinairement employés et à préparer les installations qui donnent les meilleurs résultats.

Si les dispositifs varient avec les mœurs et les habitudes des espèces que l'on désire nourrir, leur bonne réussite est soumise essentiellement à certaines règles simples qui peuvent se résumer de la façon suivante :

1° L'emplacement choisi sera tel que les Oiseaux puissent y avoir un accès facile et ne soient pas dérangés pendant leurs visites ;

2° La nourriture doit être continuellement à la portée des Oiseaux ;

3° La nourriture doit se conserver sans altération jusqu'à épuisement de la provision contenue dans les appareils ;

4° La nourriture sera mise à l'abri des intempéries, de la neige, de la pluie, et de l'humidité ;

5° Les installations seront protégées contre les maraudeurs, les bêtes de rapine et les Oiseaux de proie.

Nous verrons plus tard quelles précautions prendre dans la recherche d'un bon emplacement ; s'il s'agit d'un endroit déjà peuplé, le mouvement des Oiseaux guidera vite vers la place propre à l'installation d'un poste de nourrissage ; le premier paragraphe s'efface alors devant le cinquième. Comme réponse à ce dernier, je renverrai à ce que je disais dans le Bulletin d'août 1912 à propos de la protection des abreuvoirs et des bai

(1) Voir *Bulletin*, février 1912, page 9.

gnades. L'entourage en grillage, tel que je l'indiquais, subira les modifications commandées par la forme et le fonctionnement des appareils de nourrissage. Je reviendrai, du reste, sur ce point pour chacun des appareils décrits, car nous n'avons pas ici à défendre seulement les Oiseaux, mais la nourriture également qui tente une foule de parasites, rongeurs nuisibles pour la plupart, et que nous aurions plutôt intérêt à détruire qu'à voir s'engraisser à nos dépens.

J'avais, l'an dernier, laissé se reproduire en paix les Ecureuils pour être mieux à même d'observer leurs faits et gestes ; à peine mes mangeoires installées, ils s'y attablèrent, éloignant les Oiseaux et dévorant le chènevis dont la consommation devint énorme. J'essayai des moyens de fortune, ce fut en vain : une ronce artificielle entourant le tronc des arbres de ses épines acérées... servait d'échelle à mes agiles grimpeurs ! Il m'aurait fallu, cette année, recourir à une défense solidement établie si une mesure plus radicale ne s'était imposée, à cause des dégâts commis par les Ecureuils sur les arbres verts. L'Ecureuil est un charmant petit animal, mais je crois qu'il ne peut être classé que dans la catégorie « à surveiller ».

Après avoir protégé la nourriture contre tout prélèvement illicite, nous devons, dit le paragraphe deux, la mettre continuellement à la portée des Oiseaux : ceci est indispensable pour que les affamés puissent, dès les premières lueurs du jour, réparer le jeûne que leur imposent les longues nuits d'hiver.

Le bon nourrisseur tiendra donc table ouverte sans contrainte ni parcimonie.

La nourriture qu'il offrira à ses hôtes ne sera vraiment d'un bon emploi que si elle se conserve très longtemps sans altération. Les miettes de pain et les dessertes de table distribuées et renouvelées chaque jour sur le bord d'une fenêtre ou devant le seuil de la maison de campagne, grouperont facilement quelques Oiseaux bientôt familiers et confiants. C'est là une chose à encourager parce que bonne et guidée par la pitié de l'Oiseau en détresse ; nous chercherons un dispositif simple et peu coûteux qui la rende plus efficace.

Occupons-nous, pour l'instant, du nourrissage envisagé comme partie intégrante d'une protection bien organisée. Ce nourrissage est souvent employé dans la sauvegarde d'une population très étendue, et celui qui l'installe et le surveille ne peut s'astreindre à passer chaque jour en revue et à regarnir chaque jour d'une nourriture fraîche des appareils placés parfois assez loin de sa maison. Le nourrisseur doit alors disposer d'un produit facile à se procurer en grande quantité, bon marché et surtout se conservant autant qu'il est nécessaire pour que les Oiseaux puissent utiliser entièrement la provision mise à leur portée.

Tous ces points ont été soigneusement étudiés en Allemagne que nous trouvons, encore ici, à la tête du mouvement. Le résultats des essais a été de faire rejeter définitivement certaines nourritures sur lesquelles je ne reviendrai pas. Celles qui sont généralement adoptées maintenant contiennent ou sont constituées en moyenne partie par des matières grasses très nourrissantes et dont les Oiseaux se montrent entièrement friands. Ce sont des graines, parmi lesquelles le chènevis domine de beaucoup, abritées dans des appareils spécialement construits ou bien enrobées dans une masse de graisse qui résiste à toutes les intempéries et peut être exposée directement à l'air libre : appareils spéciaux et enrobage à la graisse répondant aux exigences du paragraphe quatre.

Nous allons d'abord voir ce qui se rapporte au chènevis employé seul; il est recherché par toutes les Mésanges, principaux occupants de nos nichoirs, et l'on a combiné pour elles des mangeoirs où seules elles peuvent puiser.

Un autre appareil, d'un usage plus général, est la mangeoire-girouette, inventée en Allemagne; sa description sera la première donnée ici.

Pour les modèles commerciaux, je renvoie mes lecteurs aux fabricants et aux catalogues, et je m'attacherai à faire connaître les formes que j'ai pu établir avec des connaissances et des moyens rudimentaires dans l'art de la menuiserie, de la soudure ou de la mécanique. Un charron de village ou un couvreur les construiraient très facilement; mais je souhaiterai que les Ligueurs prissent goût à ce genre de travail. Un peu de persévérance vient à bout des difficultés du début, et le plaisir est double de voir les Oiseaux accourir à la mangeoire que l'on vient de leur préparer soi-même.

L'atelier du protectionniste n'exige pas un outillage bien compliqué, et, dans la construction des différents appareils, on recherchera des combinaisons peu coûteuses.

(A suivre.)

NOTES

Les « Parcs nationaux de France ».
Conférence de M. Mathey.

La création du premier Parc national français avait été officiellement annoncée au Congrès forestier international, organisé par le Touring-Club de France au mois de juillet dernier (1). Les efforts de M. Mathey, conservateur des Eaux et Forêts à Grenoble, étaient couronnés de succès, et le T. C. F. prenait l'initiative d'une « Association des Parcs nationaux de France », destinée à soutenir et mener à bien l'œuvre ainsi commencée.

M. Defert, vice-président du T. C. F., en présentant M. Mathey à ses auditeurs, annonça la constitution définitive de l'Association. En un rapide et très clair exposé, M. Defert montra que notre pays est en retard pour la création de Parcs et de Réserves : les beautés naturelles sont un véritable capital national que nous devons défendre en laissant la nature faire son œuvre réparatrice sur des territoires soustraits à toute intervention destructive de l'homme.

Le Parc national de la Bérarde, que nous présenta M. Mathey, comprend à l'heure actuelle plus de 14.000 hectares, dont 5.200 sont devenus propriété d'Etat, grâce à l'appui que M. Mathey trouva auprès de M. Dabat, directeur des Eaux et Forêts au ministère de l'Agriculture. Tout ce territoire est encore bien dénudé et peu garni d'arbres ; mais déjà le seul fait d'en éloigner les moutons a permis de constater une reprise de la végétation. On va chercher à étendre la forêt en confiant au sol les semences de plusieurs essences, Conifères, Bouleaux et autres.

Quelques Chamois restent seulement et il faudra réintroduire les grandes espèces : Bouquetin et Coq de bruyère par exemple.

L'Association s'occupe de repeupler le Parc national, en y respectant les espèces existantes.

Tous les amis de la nature tiendront à suivre et à encourager les travaux de l'Association des Parcs nationaux. La

(1) Voir *Bulletin de la Ligue*, août 1912, p. 106.

Société d'Acclimatation et notre Ligue se sont inscrites comme membres ; toutes deux prennent le plus vif intérêt à tout ce qui touche à la conservation de notre Faune et de notre Flore : M. Mathey le rappela lui-même en remerciant la Société d'Acclimatation de ce qu'elle faisait pour la protection des animaux et plus particulièrement des Oiseaux. Le Parc national de la Bérarde va devenir pour eux un nouveau refuge où seront préservées des espèces rares et bien près de disparaître de notre pays.

Réponse du ministre de l'Agriculture à une question de M. Constans, député.

M. ADRIEN CONSTANS, député, a demandé à M. le ministre de l'Agriculture pourquoi la chasse aux petits Oiseaux est actuellement autorisée dans certains départements et interdite dans d'autres.

Réponse.

Les arrêtés réglementaires en vigueur dans tous les départements interdisent d'une façon absolue la chasse des oiseaux utiles, dont un article spécial donne l'énumération. Le ministre de l'Agriculture a d'ailleurs mis à l'étude les mesures à prendre pour obtenir des populations une meilleure observation de ces prohibitions, mais aucune détermination ne pourra être adoptée à cet égard qu'après approbation du rapport général de la Commission ornithologique qui fonctionne actuellement à ce ministère et dont les travaux sont sur le point d'être achevés.

La protection des Hirondelles.

M. Clémentel, ministre de l'Agriculture, a adressé aux préfets la circulaire suivante :

« J'ai l'honneur de vous faire connaître que mon attention a été appelée sur les destructions systématiques d'Hirondelles qui se produiraient dans certains départements du Midi de la France.

« Je vous serais reconnaissant de vouloir bien me faire savoir, le plus tôt possible, si de semblables destructions sont pratiquées dans votre département, et, dans l'affirmative, quelles mesures vous avez prescrites pour y mettre fin.

« CLÉMENTEL. »

POUR LA PROPAGANDE

Exposition à Valenciennes. — La Société « Sciences, Arts et Agriculture » de cette ville, tenait les 27 et 28 septembre derniers son exposition bisannuelle. Notre délégué, M. A. Legros, avait exposé notre grand tableau qui a figuré à l'Exposition de Liège; il y avait joint une exposition personnelle concernant les Oiseaux utiles et nuisibles à l'agriculture, ainsi qu'un second tableau intitulé : Causes de la disparition des Oiseaux, remèdes à y apporter, et des photographies représentant les Oiseaux de première utilité.

Cette Exposition a obtenu un vif succès dû également aux explications que M. Legros donna aux nombreux visiteurs.

La Société « Sciences, Arts et Agriculture » a décerné à notre exposition un diplôme d'honneur.

Conférence à Douai.

Sous les auspices de la Municipalité de Douai, M. Bellette, conservateur du Musée et délégué de la L. P. O. pour le département du Nord, avait organisé, le jeudi 20 novembre dernier, une importante réunion à l'Hippodrome. Les membres de la Société d'Agriculture, les invités et les enfants des écoles garnissaient les gradins du cirque municipal. M. Legros, professeur à l'Ecole primaire supérieure de Valenciennes, fit une conférence sur l'utilité des Oiseaux, les causes de leur destruction et les remèdes à apporter à cette situation. Cette causerie fut suivie de projections lumineuses; les clichés provenaient de notre collection, et les vues de M. Burdet qui passèrent sur l'écran contribuèrent au succès qui fut très vif. M. Bertin, maire de Douai, M. Berneuil, inspecteur primaire, de nombreux directeurs d'écoles et des fonctionnaires avaient tenu à assister à cette manifestation en faveur de nos Oiseaux.

Achat de Livres.

M. A. Baroux, un exemplaire de : *Les amis du cultivateur*.

M. L. Bidault-Bruchet, un exemplaire de : *L'oiseau et les récoltes*; un exemplaire de : *Grâce pour les Oiseaux*; un exemplaire de : *Les amis du cultivateur*.

M. le Dr Cathelin, un exemplaire de : *Grâce pour les Oiseaux*.

Me Piver, trois exemplaires de : *Grâce pour les Oiseaux*; trois exemplaires de : *Sauvons nos Oiseaux*.

M. Remy, cinq exemplaires de : *Sauvons nos Oiseaux*; cinq exemplaires de : *Les amis du cultivateur*.

Un ami des petits Oiseaux, un exemplaire de : *L'oiseau et les récoltes*; un exemplaire de : *Sauvons nos Oiseaux*.

M. S. Baudouy, une pochette de cartes-postales de M. Burdet.

SÉANCE DU 19 DÉCEMBRE.

15 heures.

Lecture du procès-verbal de la précédente séance.

Compte rendu des travaux de l'année écoulée, par le Président.

Renouvellement du Bureau.

Proposition de la « Commission intersyndicale pour la défense des industries de la Plume pour Mode et Parures ».

Dépouillement de la correspondance.

G. Etoc. — *Les Oiseaux de France en voie de disparition*.

TABLE DES MATIÈRES

TABLE ALPHABÉTIQUE

DES ARTICLES PUBLIÉS DANS CE VOLUME

INDEX ALPHABÉTIQUE DES MATIÈRES

TABLE DES GRAVURES

Le Gérant : A. MARETHEUX.

Paris. — L. MARETHEUX, imprimeur, 1, rue Cassette.

BULLETIN

DE LA

Ligue Française

POUR LA

Protection des Oiseaux

FONDÉE PAR LA SOCIÉTÉ NATIONALE D'ACCLIMATATION DE FRANCE

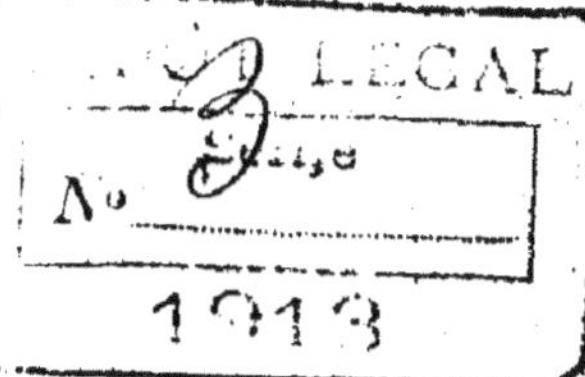

DEUXIÈME ANNÉE — N° 3 — AVRIL 1913

SOMMAIRE

Prix du Numéro : 0 fr. 50

PARIS

AU SIÈGE DE LA LIGUE

33, Rue de Buffon, 33

BUREAU DE LA LIGUE

Président :

M. MAGAUD D'AUBUSSON

Président de la Section d'Ornithologie de la Société nationale d'Acclimatation.

Vice-Présidents

M. A. MENEGAUX

Assistant d'Ornithologie au Muséum,
Ier Secrétaire du Comité international permanent
pour la protection des Oiseaux.

M. L. TERNIER

Membre du Comité international permanent
pour la Protection des Oiseaux.

Secrétaire :

M. LE COMTE D'ORFEUILLE

Secrétaire de la Section d'Ornithologie de la Société nationale d'Acclimatation.

Secrétaire adjoint :

M. A. CHAPPELLIER

Ingénieur agronome, Chef de travaux de Zoologie de l'Ecole pratique des Hautes Etudes.

Trésorier :

Dr P. VINCENT

Licencié ès Sciences.

La Ligue française pour la protection des Oiseaux a pour but de chercher à réduire les causes de disparition des Oiseaux en faisant connaître leur rôle, leur utilité, en favorisant leurs moyens d'existence et leur reproduction et en attirant sur eux l'attention des pouvoirs publics.

Fondée par la Société nationale d'Acclimatation, dont elle forme la « Sous-section d'ornithologie », la Ligue reçoit des adhérents, non membres de la Société d'Acclimatation, qui payent une cotisation annuelle de 5 francs, ou 50 francs une fois versés (membres donateurs : 100 francs, membres bienfaiteurs : 200 francs). Le payement de la cotisation est reconnu par une carte qui servira d'entrée aux différentes manifestations qui pourront être organisées par la Ligue (conférences, excursions, concours, expositions).

Les séances de la Sous-section d'ornithologie ont lieu, au siège de la Société d'Acclimatation, 33, rue de Buffon, de novembre à mai, le troisième vendredi de chaque mois. Les membres bienfaiteurs et donateurs, les délégués provinciaux de la Ligue assistent, de droit, aux séances de la Sous-section. Les membres titulaires de la Ligue, ne faisant pas partie de la Société d'Acclimatation, pourront assister aux séances de la Sous-section lorsqu'ils seront présentés par un membre de la Société d'Acclimatation et avec l'assentiment du président.

Un Bulletin paraît tous les mois. Il publie ou analyse les communications et les travaux des membres de la Ligue, les rapports des délégués. Il analyse les ouvrages et les publications qui ont trait à la protection des Oiseaux et à la vulgarisation des Sciences naturelles, et rend compte de tout ce qui peut être d'un intérêt général pour les membres de la Ligue.

La Ligue distribue des récompenses honorifiques ou pécuniaires.

Il sera répondu par lettre ou, si le Bureau le juge utile, dans le Bulletin, à toutes les demandes de renseignements provenant des membres de la Ligue.

Le Secrétaire recevra tous les jeudis non fériés, de 2 à 5, du 1er novembre au 1er juillet, au siège de la Ligue, 33, rue de Buffon métro : gare d'Orléans).

BULLETIN

DE LA

Ligue Française

POUR LA

Protection des Oiseaux

FONDÉE PAR LA SOCIÉTÉ NATIONALE D'ACCLIMATATION DE FRANCE

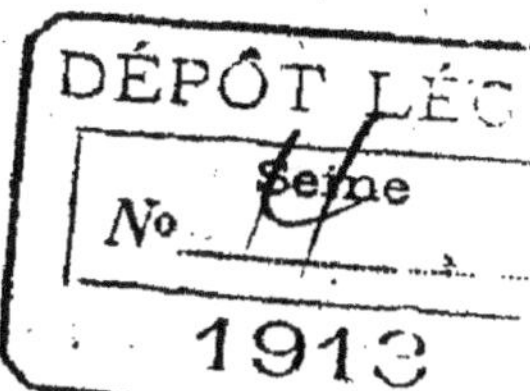

DEUXIÈME ANNÉE — N° 4 — MAI 1913

SOMMAIRE

Prix du Numéro : 0 fr. 50

PARIS

AU SIÈGE DE LA LIGUE
33, Rue de Buffon, 33

BUREAU DE LA LIGUE

Président :

M. MAGAUD D'AUBUSSON

Président de la Section d'Ornithologie de la Société nationale d'Acclimatation.

Vice-Présidents

M. A. MENEGAUX	**M. L. TERNIER**
Assistant d'Ornithologie au Muséum, 1er Secrétaire du Comité international permanent pour la protection des Oiseaux.	Membre du Comité international permanent pour la Protection des Oiseaux.

Secrétaire :

M. LE COMTE D'ORFEUILLE

Secrétaire de la Section d'Ornithologie de la Société nationale d'Acclimatation.

Secrétaire adjoint :

M. A. CHAPPELLIER

Ingénieur agronome, Chef de travaux de Zoologie de l'Ecole pratique des Hautes Etudes.

Trésorier :

Dr P. VINCENT

Licencié ès Sciences.

La Ligue française pour la protection des Oiseaux a pour but de chercher à réduire les causes de disparition des Oiseaux en faisant connaître leur rôle, leur utilité, en favorisant leurs moyens d'existence et leur reproduction et en attirant sur eux l'attention des pouvoirs publics.

Fondée par la Société nationale d'Acclimatation, dont elle forme la « Sous-section d'ornithologie », la Ligue reçoit des adhérents, non membres de la Société d'Acclimatation, qui payent une cotisation annuelle de 5 francs, ou 50 francs une fois versés (membres donateurs : 100 francs, membres bienfaiteurs : 200 francs). Le payement de la cotisation est reconnu par une carte qui servira d'entrée aux différentes manifestations qui pourront être organisées par la Ligue (conférences, excursions, concours, expositions).

Les séances de la Sous-section d'ornithologie ont lieu, au siège de la Société d'Acclimatation, 33, rue de Buffon, de novembre à mai, le troisième vendredi de chaque mois. Les membres bienfaiteurs et donateurs, les délégués provinciaux de la Ligue assistent, de droit, aux séances de la Sous-section. Les membres titulaires de la Ligue, ne faisant pas partie de la Société d'Acclimatation, pourront assister aux séances de la Sous-section lorsqu'ils seront présentés par un membre de la Société d'Acclimatation et avec l'assentiment du président.

Un Bulletin paraît tous les mois. Il publie ou analyse les communications et les travaux des membres de la Ligue, les rapports des délégués. Il analyse les ouvrages et les publications qui ont trait à la protection des Oiseaux et à la vulgarisation des Sciences naturelles, et rend compte de tout ce qui peut être d'un intérêt général pour les membres de la Ligue.

La Ligue distribue des récompenses honorifiques ou pécuniaires.

Il sera répondu par lettre ou, si le Bureau le juge utile, dans le Bulletin, à toutes les demandes de renseignements provenant des membres de la Ligue.

Le Secrétaire recevra tous les jeudis non fériés, de 2 à 5, du 1er novembre au 1er juillet, au siège de la Ligue, 33, rue de Buffon (métro : gare d'Orléans).

BULLETIN

DE LA

Ligue Française

POUR LA

Protection des Oiseaux

FONDÉE PAR LA SOCIÉTÉ NATIONALE D'ACCLIMATATION DE FRANCE

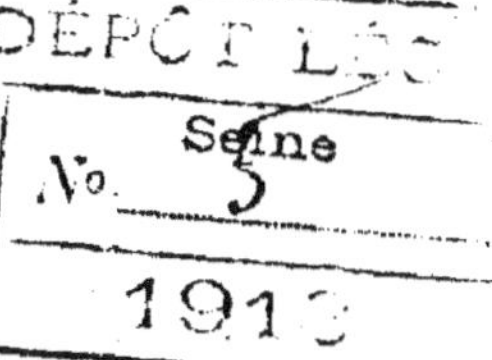

DEUXIÈME ANNÉE — N° 5 — JUIN 1913

SOMMAIRE

Prix du Numéro : 0 fr. 50

PARIS

AU SIÈGE DE LA LIGUE

33, Rue de Buffon, 33

BUREAU DE LA LIGUE

Président :

M. MAGAUD D'AUBUSSON

Président de la Section d'Ornithologie de la Société nationale d'Acclimatation.

Vice-Présidents

M. A. MENEGAUX

Assistant d'Ornithologie au Muséum,
Iᵉʳ Secrétaire du Comité international permanent
pour la protection des Oiseaux.

M. L. TERNIER

Membre du Comité international permanent
pour la Protection des Oiseaux.

Secrétaire :

M. LE COMTE D'ORFEUILLE

Secrétaire de la Section d'Ornithologie de la Société nationale d'Acclimatation.

Secrétaire adjoint :

M. A. CHAPPELLIER

Ingénieur agronome, Chef de travaux de Zoologie de l'Ecole pratique des Hautes Etudes.

Trésorier :

Dʳ P. VINCENT

Licencié ès Sciences.

La Ligue française pour la protection des Oiseaux a pour but de chercher à réduire les causes de disparition des Oiseaux en faisant connaître leur rôle, leur utilité, en favorisant leurs moyens d'existence et leur reproduction et en attirant sur eux l'attention des pouvoirs publics.

Fondée par la Société nationale d'Acclimatation, dont elle forme la « Sous-section d'ornithologie », la Ligue reçoit des adhérents, non membres de la Société d'Acclimatation, qui payent une cotisation annuelle de 5 francs, ou 50 francs une fois versés (membres donateurs : 100 francs, membres bienfaiteurs : 200 francs). Le payement de la cotisation est reconnu par une carte qui servira d'entrée aux différentes manifestations qui pourront être organisées par la Ligue (conférences, excursions, concours, expositions).

Les séances de la Sous-section d'ornithologie ont lieu, au siège de la Société d'Acclimatation, 33, rue de Buffon, de novembre à mai, le troisième vendredi de chaque mois. Les membres bienfaiteurs et donateurs, les délégués provinciaux de la Ligue assistent, de droit, aux séances de la Sous-section. Les membres titulaires de la Ligue, ne faisant pas partie de la Société d'Acclimatation, pourront assister aux séances de la Sous-section lorsqu'ils seront présentés par un membre de la Société d'Acclimatation et avec l'assentiment du président.

Un Bulletin paraît tous les mois. Il publie ou analyse les communications et les travaux des membres de la Ligue, les rapports des délégués. Il analyse les ouvrages et les publications qui ont trait à la protection des Oiseaux et à la vulgarisation des Sciences naturelles, et rend compte de tout ce qui peut être d'un intérêt général pour les membres de la Ligue.

La Ligue distribue des récompenses honorifiques ou pécuniaires.

Il sera répondu par lettre ou, si le Bureau le juge utile, dans le Bulletin, à toutes les demandes de renseignements provenant des membres de la Ligue.

Le Secrétaire recevra tous les jeudis non fériés, de 2 à 5, du 1ᵉʳ novembre au 1ᵉʳ juillet, au siège de la Ligue, 33, rue de Buffon (métro : gare d'Orléans).

BULLETIN

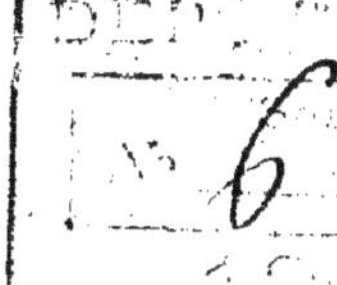

DE LA

Ligue Française

POUR LA

Protection des Oiseaux

FONDÉE PAR LA SOCIÉTÉ NATIONALE D'ACCLIMATATION DE FRANCE

DEUXIÈME ANNÉE — N° 6 — JUILLET 1913

Prix du Numéro : 0 fr. 50

PARIS

AU SIÈGE DE LA LIGUE

33, Rue de Buffon, 33

BUREAU DE LA LIGUE

Président :

M. MAGAUD D'AUBUSSON

Président de la Section d'Ornithologie de la Société nationale d'Acclimatation.

Vice-Présidents

M. A. MENEGAUX

Assistant d'Ornithologie au Muséum,
1er Secrétaire du Comité international permanent
pour la protection des Oiseaux.

M. L. TERNIER

Membre du Comité international permanent
pour la Protection des Oiseaux.

Secrétaire :

M. LE COMTE D'ORFEUILLE

Secrétaire de la Section d'Ornithologie de la Société nationale d'Acclimatation.

Secrétaire adjoint :

M. A. CHAPPELLIER

Ingénieur agronome, Chef de travaux de Zoologie de l'Ecole pratique des Hautes Etudes.

Trésorier :

D' P. VINCENT

Licencié ès Sciences.

La Ligue française pour la protection des Oiseaux a pour but de chercher à réduire les causes de disparition des Oiseaux en faisant connaître leur rôle, leur utilité, en favorisant leurs moyens d'existence et leur reproduction et en attirant sur eux l'attention des pouvoirs publics.

Fondée par la Société nationale d'Acclimatation, dont elle forme la « Sous-section d'ornithologie », la Ligue reçoit des adhérents, non membres de la Société d'Acclimatation, qui payent une cotisation annuelle de 5 francs, ou 50 francs une fois versés (membres donateurs : 100 francs, membres bienfaiteurs : 200 francs). Le payement de la cotisation est reconnu par une carte qui servira d'entrée aux différentes manifestations qui pourront être organisées par la Ligue (conférences, excursions, concours, expositions).

Les séances de la Sous-section d'ornithologie ont lieu, au siège de la Société d'Acclimatation, 33, rue de Buffon, de novembre à mai, le troisième vendredi de chaque mois. Les membres bienfaiteurs et donateurs, les délégués provinciaux de la Ligue assistent, de droit, aux séances de la Sous-section. Les membres titulaires de la Ligue, ne faisant pas partie de la Société d'Acclimatation, pourront assister aux séances de la Sous-section lorsqu'ils seront présentés par un membre de la Société d'Acclimatation et avec l'assentiment du président.

Un Bulletin paraît tous les mois. Il publie ou analyse les communications et les travaux des membres de la Ligue, les rapports des délégués. Il analyse les ouvrages et les publications qui ont trait à la protection des Oiseaux et à la vulgarisation des Sciences naturelles, et rend compte de tout ce qui peut être d'un intérêt général pour les membres de la Ligue.

La Ligue distribue des récompenses honorifiques ou pécuniaires.

Il sera répondu par lettre ou, si le Bureau le juge utile, dans le Bulletin, à toutes les demandes de renseignements provenant des membres de la Ligue.

Le Secrétaire recevra tous les jeudis non fériés, de 2 à 5, du 1er novembre au 1er juillet, au siège de la Ligue, 33, rue de Buffon (métro : gare d'Orléans).

BULLETIN

DE LA

Ligue Française

POUR LA

Protection des Oiseaux

FONDEE PAR LA SOCIÉTÉ NATIONALE D'ACCLIMATATION DE FRANCE

DEUXIÈME ANNÉE — N° 7 — AOUT 1913

Prix du Numéro : 0 fr. 50

PARIS

AU SIÈGE DE LA LIGUE

33, Rue de Buffon, 33

BUREAU DE LA LIGUE

Président :

M. MAGAUD D'AUBUSSON

Président de la Section d'Ornithologie de la Société nationale d'Acclimatation.

Vice-Présidents

M. A. MENEGAUX

[Assistant d'Ornithologie au Muséum,
Ier Secrétaire du Comité international permanent
pour la protection des Oiseaux.

M. L. TERNIER

Membre du Comité international permanent
pour la Protection des Oiseaux.

Secrétaire :

M. LE COMTE D'ORFEUILLE

Secrétaire de la Section d'Ornithologie de la Société nationale d'Acclimatation.

Secrétaire adjoint :

M. A. CHAPPELLIER

Ingénieur agronome, Chef de travaux de Zoologie de l'Ecole pratique des Hautes Etudes.

Trésorier :

Dr P. VINCENT

Licencié ès Sciences.

La Ligue française pour la protection des Oiseaux a pour but de chercher à réduire les causes de disparition des Oiseaux en faisant connaître leur rôle, leur utilité, en favorisant leurs moyens d'existence et leur reproduction et en attirant sur eux l'attention des pouvoirs publics.

Fondée par la Société nationale d'Acclimatation, dont elle forme la « Sous-section d'ornithologie », la Ligue reçoit des adhérents, non membres de la Société d'Acclimatation, qui payent une cotisation annuelle de 5 francs, ou 50 francs une fois versés (membres donateurs : 100 francs, membres bienfaiteurs : 200 francs). Le payement de la cotisation est reconnu par une carte qui servira d'entrée aux différentes manifestations qui pourront être organisées par la Ligue (conférences, excursions, concours, expositions).

Les séances de la Sous-section d'ornithologie ont lieu, au siège de la Société d'Acclimatation, 33, rue de Buffon, de novembre à mai, le troisième vendredi de chaque mois. Les membres bienfaiteurs et donateurs, les délégués provinciaux de la Ligue assistent, de droit, aux séances de la Sous-section. Les membres titulaires de la Ligue, ne faisant pas partie de la Société d'Acclimatation, pourront assister aux séances de la Sous-section lorsqu'ils seront présentés par un membre de la Société d'Acclimatation et avec l'assentiment du président.

Un Bulletin paraît tous les mois. Il publie ou [analyse les communications et les travaux des membres de la Ligue, les rapports des délégués. Il analyse les ouvrages et les publications qui ont trait à la protection des Oiseaux et à la vulgarisation des Sciences naturelles, et rend compte de tout ce qui peut être d'un intérêt général pour les membres de la Ligue.

La Ligue distribue des récompenses honorifiques ou pécuniaires.

Il sera répondu par lettre ou, si le Bureau le juge utile, dans le Bulletin, à toutes les demandes de renseignements provenant des membres de la Ligue.

Le Secrétaire recevra tous les jeudis non fériés, de 2 à 5, du 1er novembre au 1er juillet, au siège de la Ligue, 33, rue de Buffon (métro : gare d'Orléans).

SOCIÉTÉ NATIONALE D'ACCLIMATATION DE FRANCE

Fondée le 10 Février 1854 ; Reconnue d'utilité publique par décret en date du 26 Février 1855

33, Rue de Buffon, PARIS

COTISATION ANNUELLE : 25 FRANCS

Le *Bulletin de la Société Nationale d'Acclimatation de France* paraît deux fois par mois (59° année).

SOMMAIRE DU N° 13 (1er Juillet 1913).

SOMMAIRE DU N° 14 (15 Juillet 1913).

Revue Française d'Ornithologie

Bureaux de la Revue : 55, rue de Buffon, PARIS

PARAIT TOUS LES MOIS

Paris. — L. MARETHEUX, imprimeur, 1, rue Cassette.

Société Nationale d'Acclimatation de France

Fondée le 10 Février 1854 ; Reconnue d'utilité publique par décret en date du 26 Février 1855

33, Rue de Buffon, PARIS

COTISATION ANNUELLE : 25 FRANCS

Le *Bulletin de la Société Nationale d'Acclimatation de France* paraît deux fois par mois (59ᵉ année).

SOMMAIRE DU Nº 11 (1ᵉʳ Juin 1913).

SOMMAIRE DU Nº 12 (15 Juin 1913).

Revue Française d'Ornithologie

Bureaux de la Revue : 55, rue de Buffon, PARIS

PARAIT TOUS LES MOIS

Paris. — L. MARETHEUX, imprimeur, 1, rue Cassette.

SOCIÉTÉ NATIONALE D'ACCLIMATATION DE FRANCE

Fondée le 10 Février 1854 ; Reconnue d'utilité publique par décret en date du 26 Février 1855

33, Rue de Buffon, PARIS

COTISATION ANNUELLE : 25 FRANCS

Le *Bulletin de la Société Nationale d'Acclimatation de France*
paraît deux fois par mois (59e année).

SOMMAIRE DU N° 9 (1er Mai 1913).

SOMMAIRE DU N° 10 (15 Mai 1913).

Revue Française d'Ornithologie

Bureaux de la Revue : 55, rue de Buffon, PARIS

PARAIT TOUS LES MOIS

Paris. — L. MARETHEUX, imprimeur, 1, rue Cassette.

Société Nationale d'Acclimatation de France

Fondée le 10 Février 1854 ; Reconnue d'utilité publique par décret en date du 26 Février 1855

33, Rue de Buffon, PARIS

COTISATION ANNUELLE : 25 FRANCS

Le *Bulletin de la Société Nationale d'Acclimatation de France* paraît deux fois par mois (59ᵉ année).

SOMMAIRE DU N° 7 (1ᵉʳ Avril 1913).

SOMMAIRE DU N° 8 (15 Avril 1913).

Revue Française d'Ornithologie

Bureaux de la Revue : 55, rue de Buffon, PARIS

PARAÎT TOUS LES MOIS

Paris. — L. MARETHEUX, imprimeur, 1, rue Cassotte.

SOCIÉTÉ NATIONALE D'ACCLIMATATION DE FRANCE

Fondée le 10 Février 1854 ; Reconnue d'utilité publique par décret en date du 26 Février 1855

33, Rue de Buffon, PARIS

COTISATION ANNUELLE : 25 FRANCS

Le Bulletin de la Société Nationale d'Acclimatation de France
paraît deux fois par mois (59ᵉ année).

SOMMAIRE DU Nᵒ 5 (1ᵉʳ Mars 1913).

SOMMAIRE DU Nᵒ 6 (15 Mars 1913).

Revue Française d'Ornithologie

Bureaux de la Revue : 55, rue de Buffon, PARIS

PARAIT TOUS LES MOIS

BULLETIN

DE LA

Ligue Française

POUR LA

Protection des Oiseaux

FONDÉE PAR LA SOCIÉTE NATIONALE D'ACCLIMATATION DE FRANCE

DEUXIÈME ANNÉE — N° 8 — SEPTEMBRE 1913

SOMMAIRE

Prix du Numéro : 0 fr. 50

PARIS

AU SIÈGE DE LA LIGUE

33, Rue de Buffon, 33

BUREAU DE LA LIGUE

Président :

M. MAGAUD D'AUBUSSON

Président de la Section d'Ornithologie de la Société nationale d'Acclimatation.

Vice-Présidents

M. A. MENEGAUX	**M. L. TERNIER**
[Assistant d'Ornithologie au Muséum, Ier Secrétaire du Comité international permanent pour la protection des Oiseaux.	Membre du Comité international permanent pour la Protection des Oiseaux.

Secrétaire :

M. LE COMTE D'ORFEUILLE

Secrétaire de la Section d'Ornithologie de la Société nationale d'Acclimatation.

Secrétaire adjoint :

M. A. CHAPPELLIER

Ingénieur agronome, Chef de travaux de Zoologie de l'Ecole pratique des Hautes Etudes.

Trésorier :

Dr P. VINCENT

Licencié ès Sciences.

La Ligue française pour la protection des Oiseaux a pour but de chercher à réduire les causes de disparition des Oiseaux en faisant connaître leur rôle, leur utilité, en favorisant leurs moyens d'existence et leur reproduction et en attirant sur eux l'attention des pouvoirs publics.

Fondée par la Société nationale d'Acclimatation, dont elle forme la « Sous-section d'ornithologie », la Ligue reçoit des adhérents, non membres de la Société d'Acclimatation, qui payent une cotisation annuelle de 5 francs, ou 50 francs une fois versés (membres donateurs : 100 francs, membres bienfaiteurs : 200 francs). Le payement de la cotisation est reconnu par une carte qui servira d'entrée aux différentes manifestations qui pourront être organisées par la Ligue (conférences, excursions, concours, expositions).

Les séances de la Sous-section d'ornithologie ont lieu, au siège de la Société d'Acclimatation, 33, rue de Buffon, de novembre à mai, le troisième vendredi de chaque mois. Les membres bienfaiteurs et donateurs, les délégués provinciaux de la Ligue assistent, de droit, aux séances de la Sous-section. Les membres titulaires de la Ligue, ne faisant pas partie de la Société d'Acclimatation, pourront assister aux séances de la Sous-section lorsqu'ils seront présentés par un membre de la Société d'Acclimatation et avec l'assentiment du président.

Un Bulletin paraît tous les mois. Il publie ou analyse les communications et les travaux des membres de la Ligue, les rapports des délégués. Il analyse les ouvrages et les publications qui ont trait à la protection des Oiseaux et à la vulgarisation des Sciences naturelles, et rend compte de tout ce qui peut être d'un intérêt général pour les membres de la Ligue.

La Ligue distribue des récompenses honorifiques ou pécuniaires.

Il sera répondu par lettre ou, si le Bureau le juge utile, dans le Bulletin, à toutes les demandes de renseignements provenant des membres de la Ligue.

Le Secrétaire recevra tous les jeudis non fériés, de 2 à 5, du 1er novembre au 1er juillet, au siège de la Ligue, 33, rue de Buffon (métro : gare d'Orléans).

BULLETIN

DEPOT LEGAL
N°
1913

DE LA

Ligue Française

POUR LA

Protection des Oiseaux

FONDÉE PAR LA SOCIÉTE NATIONALE D'ACCLIMATATION DE FRANCE

DEUXIÈME ANNÉE — N° 9 — OCTOBRE 1913

SOMMAIRE

Prix du Numéro : 0 fr. 50

PARIS

AU SIÈGE DE LA LIGUE

33, Rue de Buffon, 33

BUREAU DE LA LIGUE

Président :

M. MAGAUD D'AUBUSSON

Président de la Section d'Ornithologie de la Société nationale d'Acclimatation.

Vice-Présidents

M. A. MENEGAUX	**M. L. TERNIER**
Assistant d'Ornithologie au Muséum, Ier Secrétaire du Comité international permanent pour la protection des Oiseaux.	Membre du Comité international permanent pour la Protection des Oiseaux.

Secrétaire :

M. LE COMTE D'ORFEUILLE

Secrétaire de la Section d'Ornithologie de la Société nationale d'Acclimatation.

Secrétaire adjoint :

M. A. CHAPPELLIER

Ingénieur agronome, Chef de travaux de Zoologie de l'Ecole pratique des Hautes Etudes.

Trésorier :

Dr P. VINCENT,

Licencié ès Sciences.

La Ligue française pour la protection des Oiseaux a pour but de chercher à réduire les causes de disparition des Oiseaux en faisant connaître leur rôle, leur utilité, en favorisant leurs moyens d'existence et leur reproduction et en attirant sur eux l'attention des pouvoirs publics.

Fondée par la Société nationale d'Acclimatation, dont elle forme la « Sous-section d'ornithologie », la Ligue reçoit des adhérents, non membres de la Société d'Acclimatation, qui payent une cotisation annuelle de 5 francs, ou 50 francs une fois versés (membres donateurs : 100 francs, membres bienfaiteurs : 200 francs). Le payement de la cotisation est reconnu par une carte qui servira d'entrée aux différentes manifestations qui pourront être organisées par la Ligue (conférences, excursions, concours, expositions).

Les séances de la Sous-section d'ornithologie ont lieu, au siège de la Société d'Acclimatation, 33, rue de Buffon, de novembre à mai, le troisième vendredi de chaque mois. Les membres bienfaiteurs et donateurs, les délégués provinciaux de la Ligue assistent, de droit, aux séances de la Sous-section. Les membres titulaires de la Ligue, ne faisant pas partie de la Société d'Acclimatation, pourront assister aux séances de la Sous-section lorsqu'ils seront présentés par un membre de la Société d'Acclimatation et avec l'assentiment du président.

Un Bulletin paraît tous les mois. Il publie ou analyse les communications et les travaux des membres de la Ligue, les rapports des délégués. Il analyse les ouvrages et les publications qui ont trait à la protection des Oiseaux et à la vulgarisation des Sciences naturelles, et rend compte de tout ce qui peut être d'un intérêt général pour les membres de la Ligue.

La Ligue distribue des récompenses honorifiques ou pécuniaires.

Il sera répondu par lettre ou, si le Bureau le juge utile, dans le Bulletin, à toutes les demandes de renseignements provenant des membres de la Ligue.

Le Secrétaire recevra tous les jeudis non fériés, de 2 à 5, du 1er novembre au 1er juillet, au siège de la Ligue, 33, rue de Buffon (métro : gare d'Orléans).

BULLETIN

DE LA

Ligue Française

POUR LA

Protection des Oiseaux

FONDÉE PAR LA SOCIÉTE NATIONALE D'ACCLIMATATION DE FRANCE

DEUXIÈME ANNÉE — N° 10 — NOVEMBRE 1913

SOMMAIRE

Prix du Numéro : 0 fr. 50

PARIS

AU SIÈGE DE LA LIGUE

33, Rue de Buffon, 33

BUREAU DE LA LIGUE

Président :

M. MAGAUD D'AUBUSSON

Président de la Section d'Ornithologie de la Société nationale d'Acclimatation.

Vice-Présidents

M. A. MENEGAUX

Assistant d'Ornithologie au Muséum,
Ier Secrétaire du Comité international permanent
pour la protection des Oiseaux.

M. L. TERNIER

Membre du Comité international permanent
pour la Protection des Oiseaux.

Secrétaire :

M. LE COMTE D'ORFEUILLE

Secrétaire de la Section d'Ornithologie de la Société nationale d'Acclimatation.

Secrétaire adjoint :

M. A. CHAPPELLIER

Ingénieur agronome, Chef de travaux de Zoologie do l'Ecole pratique des Hautes Etudes.

Trésorier :

Dr P. VINCENT

Licencié ès Sciences.

La Ligue française pour la protection des Oiseaux a pour but de chercher à réduire les causes de disparition des Oiseaux en faisant connaître leur rôle, leur utilité, en favorisant leurs moyens d'existence et leur reproduction et en attirant sur eux l'attention des pouvoirs publics.

Fondée par la Société nationale d'Acclimatation, dont elle forme la « Sous-section d'ornithologie », la Ligue reçoit des adhérents, non membres de la Société d'Acclimatation, qui payent une cotisation annuelle de 5 francs, ou 50 francs une fois versés (membres donateurs : 100 francs, membres bienfaiteurs : 200 francs). Le payement de la cotisation est reconnu par une carte qui servira d'entrée aux différentes manifestations qui pourront être organisées par la Ligue (conférences, excursions, concours, expositions).

Les séances de la Sous-section d'ornithologie ont lieu, au siège de la Société d'Acclimatation, 33, rue de Buffon, de novembre à mai, le troisième vendredi de chaque mois. Les membres bienfaiteurs et donateurs, les délégués provinciaux de la Ligue assistent, de droit, aux séances de la Sous-section. Les membres titulaires de la Ligue, ne faisant pas partie de la Société d'Acclimatation, pourront assister aux séances de la Sous-section lorsqu'ils seront présentés par un membre de la Société d'Acclimatation et avec l'assentiment du président.

Un Bulletin paraît tous les mois. Il publie ou analyse les communications et les travaux des membres de la Ligue, les rapports des délégués. Il analyse les ouvrages et les publications qui ont trait à la protection des Oiseaux et à la vulgarisation des Sciences naturelles, et rend compte de tout ce qui peut être d'un intérêt général pour les membres de la Ligue.

La Ligue distribue des récompenses honorifiques ou pécuniaires.

Il sera répondu par lettre ou, si le Bureau le juge utile, dans le Bulletin, à toutes les demandes de renseignements provenant des membres de la Ligue.

Le Secrétaire recevra tous les jeudis non fériés, de 2 h. à 5 h., du 1er novembre au 1er juillet, au siège de la Ligue, 33, rue de Buffon (métro : gare d'Orléans).

BULLETIN

DE LA

Ligue Française

POUR LA

Protection des Oiseaux

FONDÉE PAR LA SOCIÉTE NATIONALE D'ACCLIMATATION DE FRANCE

DEUXIÈME ANNÉE — N° 11 — DÉCEMBRE 1913

SOMMAIRE

Prix du Numéro : 0 fr. 50

PARIS

AU SIÈGE DE LA LIGUE

38, Rue de Buffon, 38

BUREAU DE LA LIGUE

Président :

M. MAGAUD D'AUBUSSON

Président de la Section d'Ornithologie de la Société nationale d'Acclimatation.

Vice-Présidents

M. A. MENEGAUX	**M. L. TERNIER**
Assistant d'Ornithologie au Muséum, 1er Secrétaire du Comité international permanent pour la protection des Oiseaux.	Membre du Comité international permanent pour la Protection des Oiseaux.

Secrétaire :

M. LE COMTE D'ORFEUILLE

Secrétaire de la Section d'Ornithologie de la Société nationale d'Acclimatation.

Secrétaire adjoint :

M. A. CHAPPELLIER

Ingénieur agronome, Chef de travaux de Zoologie de l'Ecole pratique des Hautes Etudes.

Trésorier :

Dr P. VINCENT

Licencié ès Sciences.

La Ligue française pour la protection des Oiseaux a pour but de chercher à réduire les causes de disparition des Oiseaux en faisant connaître leur rôle, leur utilité, en favorisant leurs moyens d'existence et leur reproduction et en attirant sur eux l'attention des pouvoirs publics.

Fondée par la Société nationale d'Acclimatation, dont elle forme la « Sous-section d'ornithologie », la Ligue reçoit des adhérents, non membres de la Société d'Acclimatation, qui payent une cotisation annuelle de 5 francs, ou 50 francs une fois versés (membres donateurs : 100 francs, membres bienfaiteurs : 200 francs). Le payement de la cotisation est reconnu par une carte qui servira d'entrée aux différentes manifestations qui pourront être organisées par la Ligue (conférences, excursions, concours, expositions).

Les séances de la Sous-section d'ornithologie ont lieu, au siège de la Société d'Acclimatation, 33, rue de Buffon, de novembre à mai, le troisième vendredi de chaque mois. Les membres bienfaiteurs et donateurs, les délégués provinciaux de la Ligue assistent, de droit, aux séances de la Sous-section. Les membres titulaires de la Ligue, ne faisant pas partie de la Société d'Acclimatation, pourront assister aux séances de la Sous-section lorsqu'ils seront présentés par un membre de la Société d'Acclimatation et avec l'assentiment du président.

Un Bulletin paraît tous les mois. Il publie ou analyse les communications et les travaux des membres de la Ligue, les rapports des délégués. Il analyse les ouvrages et les publications qui ont trait à la protection des Oiseaux et à la vulgarisation des Sciences naturelles, et rend compte de tout ce qui peut être d'un intérêt général pour les membres de la Ligue.

La Ligue distribue des récompenses honorifiques ou pécuniaires.

Il sera répondu par lettre ou, si le Bureau le juge utile, dans le Bulletin, à toutes les demandes de renseignements provenant des membres de la Ligue.

Le Secrétaire recevra tous les jeudis non fériés, de 2 h. à 5 h., du 1er novembre au 1er juillet, au siège de la Ligue, 33, rue de Buffon (métro : gare d'Orléans).

Société Nationale d'Acclimatation de France

Fondée le 10 Février 1854 ; Reconnue d'utilité publique par décret en date du 26 Février 1855

33, Rue de Buffon, PARIS

COTISATION ANNUELLE : 25 FRANCS

Le *Bulletin de la Société Nationale d'Acclimatation de France* paraît deux fois par mois (59ᵉ année).

SOMMAIRE DU N° 21 (1ᵉʳ Novembre 1913).

SOMMAIRE DU N° 22 (15 Novembre 1913).

Revue Française d'Ornithologie

Bureaux de la Revue : 55, rue de Buffon, PARIS

PARAÎT TOUS LES MOIS

Société Nationale d'Acclimatation de France

Fondée le 10 Février 1854 ; Reconnue d'utilité publique par décret en date du 26 Février 1855

33, Rue de Buffon, PARIS

COTISATION ANNUELLE : 25 FRANCS

Le *Bulletin de la Société Nationale d'Acclimatation de France* paraît deux fois par mois (59° année).

SOMMAIRE DU N° 19 (1er Octobre 1913).

SOMMAIRE DU N° 20 (15 Octobre 1913).

Revue Française d'Ornithologie

Bureaux de la Revue : 55, rue de Buffon, PARIS

PARAIT TOUS LES MOIS

SOCIÉTÉ NATIONALE D'ACCLIMATATION DE FRANCE

Fondée le 10 Février 1854 ; Reconnue d'utilité publique par décret en date du 26 Février 1855

33, Rue de Buffon, PARIS

COTISATION ANNUELLE : 25 FRANCS

Le *Bulletin de la Société Nationale d'Acclimatation de France* paraît deux fois par mois (59ᵉ année).

SOMMAIRE DU Nᵒ 17 (1ᵉʳ Septembre 1913).

SOMMAIRE DU Nᵒ 18 (15 Septembre 1913).

Revue Française d'Ornithologie

Bureaux de la Revue : 55, rue de Buffon, PARIS

PARAIT TOUS LES MOIS

SOCIÉTÉ NATIONALE D'ACCLIMATATION DE FRANCE

Fondée le 10 Février 1854; Reconnue d'utilité publique par décret en date du 26 Février 1855

33, Rue de Buffon, PARIS

COTISATION ANNUELLE : 25 FRANCS

Le *Bulletin de la Société Nationale d'Acclimatation de France*
paraît deux fois par mois (59ᵉ année).

SOMMAIRE DU Nº 16 (15 Août 1913).

SOMMAIRE DU Nº 17 (1ᵉʳ Septembre 1913).

Revue Française d'Ornithologie

Bureaux de la Revue : 55, rue de Buffon, PARIS

PARAIT TOUS LES MOIS